心理学译丛
学术系列
PSYCHOLOGY TRANSLATION SERIES

主 编 许金声

没有疆界

No Boundary
Eastern and Western Approaches to Personal Growth

[美] 肯·威尔伯 著 许金声 等译
Ken Wilber

中国人民大学出版社
·北京·

目　录

译者序

一、人类意识领域勇敢的探索者

夏天的夜晚，凉爽而寂静。繁星满天，银河浩瀚。当你仰望夜空，你会产生什么样的感觉呢？在这个时候，你的心理状态是不是与平常有一些不同呢？

我们不少人生活在充满了高楼大厦的大城市中，整天忙忙碌碌，已经忘记了自己的头上还有一个灿烂的星空，即使偶尔看见，也熟视无睹。

还有一些人，或者心情比较平静，有一点闲情逸致；或者童心未泯，仍保有好奇心。当他们面对星空，面对宇宙的神秘与无穷时，会深刻感到个体生命的脆弱与渺小，进而产生一种敬畏的感情……

当今心理学大师肯·威尔伯对此具有更深沉的情感、更深邃的理性、更好奇的童心，因此他底气十足地发问："面对令人目眩的浩瀚的大宇宙，我们能有比发出一声表示惊讶和狼狈的'哎呀'更成熟的回应吗？"（肯·威尔伯《性，生态，灵性》）

令人敬佩的是，肯·威尔伯以身作则，以罕见的胆识、心量、智慧和毅力做出了这样的"成熟的回应"。他为我们奉献了一系列的著作，包括：《意识谱》、《没有疆界》、《阿特曼计划》、《来自伊甸园》、《眼对眼》、《恩宠与勇气》、《性，生态，灵性》、《科学与宗教》、《一味》、《整合心理学》、《万物简史》、《存在的简单感觉》等。这些著作大多都得到好评。有的评论甚至认为，他的巨著《性，生态，灵性》可以被称为与海德格尔的《存在与时间》、怀特海的《过程与实在》、奥罗宾多的《神圣人生论》并列的20世纪最伟大的四部哲学著作。

《万物简史》是肯·威尔伯在《性，生态，灵性》之后发表的体现他的思想的更通俗、更精练的读本。在这本书中，他概括地论述了从宇宙的生成到意识的进化的整个过程，即从物质到生命，从生命到意识，从意识到心智，从心智到灵魂，从灵魂到灵性的过程。

他论述这一过程，是为了回答这样一个困惑我们每一个人的根本问题：

"我是谁?"

也就是说，为了回答这一问题，他往上追溯到宇宙大爆炸，往深挖掘到灵性。也许不追溯到宇宙大爆炸，他认为自己不深远。不深入到灵性，他感觉自己不透彻。而他最后给出的答案会使人大吃一惊：我是"我"，但同时也是"大精神"（Spirit）。这听起来似乎有点费解，其实与中国文化早已有的"天人合一"的说法，有大体相近的含义。

我认为，肯·威尔伯在人类认识自己方面，做出了勇敢的、整合性的探索。他从意识领域的角度，给出了一个迄今相对成熟的、宏观的答案。在他的身上，体现了典型的、灵性的健康。

所谓灵性健康，是指人表达终极关怀的一种积极的、开放的、富有创造力的状态。人的基本需要得到满足后，还要进一步探索人生的意义，对宇宙、生命的奥秘感到好奇。灵性健康的重要性在于，它是人固有的、深层的潜能，如果没有灵性健康，"身"、"心"的健康都是不稳固、不彻底的。

也许有人会质疑：灵性对于中国人来说应该还是奢侈品吧?

没错。至少对于大多数中国人还是。也许就像在夏夜能够静心仰望星空一样，那是比较难得的，甚至是多年未有的事情。大家在市场经济中忙忙碌碌，挣钱买房、买车，有多少人有这样的闲情逸致呢？至于"天人合一"，尽管也有耳闻，但或者早已麻木，无关痛痒；或者一笑置之，当做痴人说梦。

但是，情况正在不知不觉地改变。例如，肯·威尔伯的两本书《超越死亡——恩宠与勇气》、《万物简史》在中国内地出版后，并没有受到冷遇，而是引起了越来越广泛的反响，这就是一种有力的说明。我曾经在谷歌网输入上述两本书名，搜索后分别有 3 780 条和 1 910 条信息。

其中有一位这样评价肯·威尔伯："他的天才来源于他拥有百科全书一样的知识和超强的分析归纳以及极度清晰的思维能力。他的语言，干脆利落又不乏幽默地绝妙；他的思维，清醒干净如西藏的空气；他的观点，似乎毫无偏差地一针见血；他的知识，广泛无边又处处展现了知识深处的共通之处，听他说话，看他的文字，醍醐灌顶、欢畅淋漓，他是个能让人觉悟的突然，清醒的痛快的人。"该评价非常贴切，与我的感觉很接近。

就像感动世界其他地方的读者一样，肯·威尔伯的自传《超越死亡——恩宠与勇气》也感动了不少中国读者。许多读者都说他们看这本书时流下了眼泪。不幸患癌夭折的天才少年子尤先生，在去世前阅读了这本书，他写道："这是我见过的描写死亡最细致的文字，魂归之时，由风雨交加到霎时间四周寂静，看得我全身奔腾。"

国人对肯·威尔伯的兴趣，反映了国人对精神生活兴趣的增加，对于成长兴趣的增加。最近几十年来，中国社会已经有了很大的发展，中国人的人格也有了很大的发展。当今中国的主要问题不是物质匮乏，而是精神匮乏。而精神匮乏中欠缺的部分包括对于灵性健康的追求。从这方面看，对于肯·威尔伯的著作的介绍正是时候。

二、《没有疆界》的宗旨和思路

记得 1999 年的时候，我给肯·威尔伯写信，希望能够在中国出版他的书。由于他的书很多，我请他推荐一本可读性强，深入而又浅出的代表作。他回信表示很高兴他的书有机会在中国出版，而他推荐的书就是这本《没有疆界》。

《没有疆界》是肯·威尔伯的早期著作，也是他的第一本成名作。这本书字数不多，但内容含量却很大。它显示了肯·威尔伯思想的最重要的特点：思维相当广阔、深邃，逻辑相当严密，善于雄辩。这是一本蕴涵深刻道理的书，是一本有力量的书。

关于这本书的宗旨，肯·威尔伯指出："这本书探讨的是我们如何把自己当下的体验用一道道的疆界分割成不同的部分，从而使我们自己远离了自身、他人以及整个世界。我们人为地把自己的觉知（Awareness）分解成了许多相互对立的范畴，例如主体与客体、生与死、心与身、内在与外在、理性与本能等等。我们将它们各自孤立起来，使得经验之间互相否定，生命与生命之间相互冲突。这样一种暴力所导致的后果，可用多种词语来描述，简而言之就是‘没有幸福感’。生活变成了苦难，充满了冲突与争斗。其实，我们体验中的所有这些冲突、焦虑、痛苦以及失望等，都是由于我们自己在经验中错误地设立各种各样的疆界所造成的。这本书探讨了我们是如何制造这些疆界的，我们应该怎样面对这些疆界。”

肯·威尔伯对人类“没有幸福感”的原因，从观念的角度来进行探讨，这也许会引起一些质疑：把社会结构的因素放到哪里去了？难道我们日常的很多观念都是错误的？解决观念问题就可以解决我们的幸福感问题？难道我们“没有幸福感”只在于我们自己？难道人类的幸福与社会以及社会结构的进步没有关系？

要消除这些疑问，需要弄清楚这本书的语境。这里有从普遍人格与个体人格来看的差异。

如果是从社会普遍人格（某一社会发展阶段大多数人的人格）来看，社会结构对于人类的幸福感是至关重要的，普遍人格的改变，要取决于社会结构的改变。但对于个体人格，他们通过自身的心理调整，自身的观念更新，可以在一定程度上超越社会结构的局限，获得相对健康的成长。这也就是个体人格可以在一定范围内使自己的潜能发挥得更好，更有幸福感，在人格的发展上达到更高的层次。肯·威尔伯在这本书中的主要语境，所针对的都是个体的成长。或者说，他谈的是个人修养，是主张个体“向内求”来解决自己的烦恼问题，这与社会结构的优化并不矛盾。

作为个体，如果我们不愿意坐等社会结构的变化，不愿意在社会结构发生变化以后再变化，而愿意更多、更自由地把握自己的命运，我们应该首先自己解放自己，让自己的精神更加自由。

按照肯·威尔伯的说法，解放自己，让自己的精神更加自由，就是消除疆界。

为什么消除疆界对于个人的成长以及幸福感至关重要呢?

肯·威尔伯所谓的“疆界”是什么意思?要理解他关于“疆界”的思想,首先需要理解他所使用的“自我认同”的概念。

什么是自我认同?

肯·威尔伯认为,自我认同就是对于“我是谁?”这一问题的回答。

当有人问:“你是谁?”你会给出一个有理智的、诚实的、多少有些具体的答案。你当时实际上是在做什么呢?当你在做这件事时,你的头脑里正在进行一个什么样的过程呢?从某种意义上说,你正在对你所知道的你的“自我”(self)进行描述。你的描述中包括了你认为与你的身份密切相关的那些事实:好的还是坏的,有价值的还是无用的,科学的或诗意的,哲学的或是宗教的,等等。例如,你或许会想:“我是个与众不同的人,具有一定的潜力;我的心地善良,但有时也冷酷无情;我充满爱心,但有时也心怀敌意;我为人之父,是一个律师;我喜欢钓鱼、打篮球……”(见本书第一章)这类感觉和想法还可以不停地列举下去。

肯·威尔伯进一步指出,在回答“我是谁?”以及在描述自己是什么的时候,实际上同时也在否认自己不是什么,也就是在自己“是什么”和“不是什么”之间划界线。这是“一个更加基础的心理过程”。

“在这条界线里面的一切,你会感觉是你自己,或者叫做你的‘自我’,而在界线外面的一切你则觉得是‘非我’(not-self)。换句话说,你的自我认同(self-identity)完全取决于你在何处划下那条界线。

你是一个人而不是一把椅子,你之所以知道这一点,是因为你已经有意无意地在人和椅子之间划了一条界线,并且让自己认同了前者。你也许是个长得很高的人,而不是一个矮子,于是你心里在‘高’和‘矮’之间划了一道界线,这样让自己与‘高’认同。你在‘这个’或‘那个’之间划分界线,并确认自己认同‘这个’,不认同‘那个’,你就这样感觉到了‘我是这个,而不是那个’。

因此,当你说‘我自己’时,你就在‘什么是你’和‘什么不是你’之间划了一道界线。当你回答‘你是谁?’这个问题时，你仅描述了在界线里面的事实。当你不能确定在哪里如何划下这条界线时，‘自我认同危机’就出现了。简而言之，‘你是谁?’意味着‘你在哪里划下界线。’”（见本书第一章）

肯·威尔伯的主要思想，就是在这一逻辑中展开的。他认为，当你把无论什么都当做“非我”的时候，你就在“我”与“非我”之间划了一条界限，这样也就等于制造了内心冲突。而在“我”与“非我”之间的界限的基础上，人们又进一步划分了形形色色的疆界。正是这些疆界使我们生活在痛苦之中。

因此，“没有幸福感”的现代人要调整自己，改善自己的状态，减少内心冲突，就必须消除这些疆界。那么，我们如何才能够做到呢？我们能够到哪里去寻求帮助？如何去寻求帮助呢？能够寻求什么帮助呢？

三、意识谱理论

肯·威尔伯指出：“今天，我们面对自己的冲突与矛盾，感到大量的困惑，却不知道在何处能得到帮助。首先，在东西方都存在大量可用的方法，范围从精神分析到禅宗佛教，从格式塔心理学到超越性静修，从存在主义到密宗哲学，等等。其次，这些学派常常互不相容。它们不仅对痛苦的分析不同，解决之道也不同。一个人往往在接受了两位不同派别的心理学家或静修导师的思想后，才会发现它们大相径庭。”

正是由于如此，在这本书中，肯·威尔伯提出了意识谱理论（或者意识层次理论），对所有这些流派和方法进行了整合，为现代人的心理调整，对纷繁复杂的心理学流派以及各种宗教提供了一个理解的框架。

肯·威尔伯认为，不同层次的意识，它们之间是有联系和有变化规律的。它们构成了一个“彩虹般的光谱”。这个光谱主要有五种类型或层次。这五种主要层次还有许多变化，每一层次也可以再细分。

肯·威尔伯由此画出一个“意识层次图”（见图 1）。

“意识层次图”中间的一条线即自我与非我的疆界。这条疆界线从上开始，向下延伸，经由角色、私我、生命整体的层次，在到达“超个人”的地方开始变成了虚线，在达到一体意识之后则完全消失。因为在

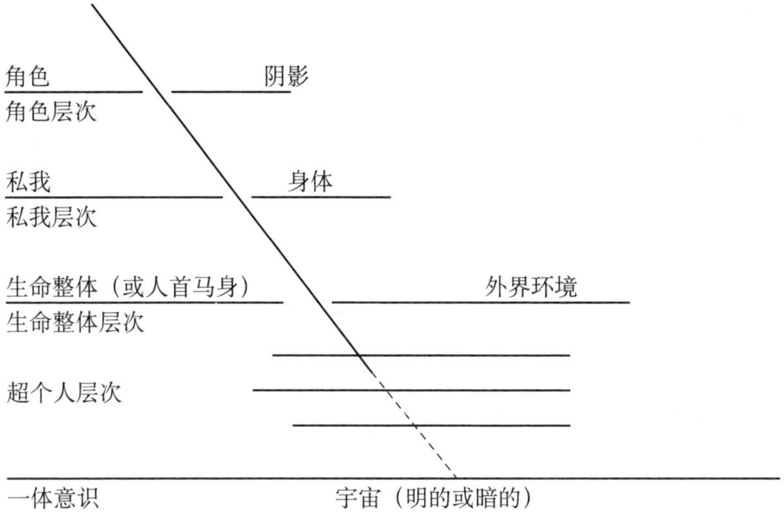

图 1　意识层次图

一体意识的层次上，已经不存在自我与非我的疆界。或者说，一体意识意味着人的自我认同已经扩大到全宇宙。

在角色层次，人除了心灵的某些方面之外，其他所有方面都是阴影，都是他所疏远和压抑的。在私我层次，人的自我认同范围进一步扩大，他主要认同自己的心智（mind）或自我，而不认同自己的身体。在生命整体层次，他的自身是同一的，但还没有对环境认同。在超个人层次，人对环境还没有完全的认同，只是认同部分。再往上，就是一体意识了。在一体意识层次，人没有不认同的。在这一意识层次图中，越往上越接近表层，自我就越是狭隘。

肯·威尔伯认为：不同的意识层次，有不同的疆界，也有不同的自我冲突。“当一个人在自己的灵魂（soul）划出疆界时，灵魂的战争也就随之而生，这正是关键之所在。个人所认同的疆界把宇宙的一部分划分成了自我，把其余部分划分成了非我。这样，在意识层次图的每一个层次上，都有一部分世界成了非我的、敌对的、陌生的。每个层次都把宇宙的不同过程看成陌生人。弗洛伊德曾经指出，陌生人似乎都是敌人。在意识的每个层次上，都可能与不同的敌人发生冲突。请记住，每一条疆界都是一条战线，而每个层次的敌人各有不同。用心理学术语来说，不同的‘症状’来源于不同的层次。”

肯·威尔伯认为，凭借意识谱这一框架，我们可以清楚地看到不同的心理、意识问题所处的位置，这样也就可以更方便地寻求不同的解决方法。

例如，处于“私我层次”的人，可以寻求精神分析、心理剧、人际分析、现实治疗的帮助。处于“超个人层次”的人，则可以寻求荣格心理学、心理综合、马斯洛心理学的帮助。

四、成长容易出现的谬误

肯·威尔伯认为，成长有层次的问题。如果层次混淆，就会出问题。他概括出两大类的成长问题：“前”的谬误和“超”的谬误。

所谓“前”的谬误，是指把超越性的状态（超个人以后的状态），误认为是前个人的、蒙昧的状态。在治疗上，也就是把一些本来属于自我超越、一体意识、高峰体验的高的状态，从较低的状态去理解。这也是所谓的“还原主义”的立场。在心理学上，弗洛伊德心理学有这种倾向。

在现实中，有不少人对于追求“灵性健康”的行为一味排斥，认为“没有用”，是“浪费时间”，甚至是“神经兮兮”等。他们自认为过着讲求实际、讲究实惠的生活，久而久之，对一切美的东西、神圣的东西都失去了兴趣。应该说，这类人具有“前”谬误和“还原主义”的问题。这类人往往完成了一定个人阶段的发展，有一定的个体化程度。他们的问题是继续向超越个人的方向发展。有一些人受“机械唯物论”影响较深，也容易发生这种情况。他们无法理解灵性的东西，甚至没有灵性健康的概念。①

所谓“超”的谬误，是指把前个人的、蒙昧的状态，误认为是超越性的状态（超个人以后的状态）。在治疗上，也就是把一些本来属于较低的状态理解为自我超越、一体意识、高峰体验等状态。

---

① 关于什么是“灵性健康”，请参阅许金声：《唤醒大我》，北京，北京航空航天大学出版社，2010。——译者注

这也是所谓“拔高主义”的立场。如肯·威尔伯所说：“任何非理性的事物都被搜罗起来，不加区别地加以赞美，当做奔向神圣的通途。”

在现实生活中，可以见到这样一些人，他们有一些心理问题，这些问题大多是在原生家庭里形成的。这些问题包括常见的自卑情结，对自己以及他人（包括自己的父母）不接纳。于是他们开始练气功、信宗教。他们从事这些活动只是为了回避原来的不愉快。由于原来的心理问题得不到处理、解决，他们需要更狂热地进行修炼，才能够转移和忘记自己的烦恼。于是，他们常常发生“超”的谬误以及“拔高主义”的错误。一旦他们在修炼中有什么愉快的体验，他们就把这种体验加以夸大，甚至认为自己达到了某种层次。

我曾经对一些有心理问题的修炼者进行过治疗。

经过治疗，他们变得现实、踏实了许多。他们之中有的人说，在去工作坊之前，是虚幻的飘在空中的感觉，之后，从空中降了下来，变成了踏实地在地面上行走。

“超”的谬误以及“拔高主义”的错误有着深刻的社会历史根源。

肯·威尔伯在论述到人首马身层次后，着重谈到了超越性的问题。“灵性健康”是一种在终极关怀中表达出来的健康状态，它体现了人的超越性。

肯·威尔伯指出：

“我们西方人从过去几个世纪以来，一直处心积虑地压制关于‘超越’的观念，实在极为不幸。这种压制是隐晦的但十分广泛，而且影响深远，它无疑要为我们对当前文明常感到的不满足、不快乐负有重要责任。它的贻害远比上述意识层次中所谈到的对性、敌意、攻击性及其他表面层次的压抑等要严重得多。虽然角色、自我以及‘人首马身’层次上的压抑，看起来混乱而且神经质，却不至于影响到我们整个社会的健康状态。社会的健康状态是扎根于超越境界的土壤中的，可是我们却异口同声地否认这一事实。由于被压抑的渴求并没有真正消失，只是潜藏于某个地方而伺机乔装为其他形式出现，因此我们随时随地都可看到它们的化身，例如越来越多的人热衷于冥想、通灵现象、瑜伽、东方宗教、生理反馈、灵魂出窍、濒临死亡的体验等等。由于对超越体验的渴求被压抑了太久，一旦现身常显现得过于激烈而且变质，于是巫术、邪教、服用迷幻药、盲目崇拜等便大行其道。”

西方社会如此，在东方尤其是中国，也有类似的情况。肯·威尔伯的这一段话，十分精彩，对于我们看待目前的社会问题，也有启迪意义。对于灵性健康、终极关怀、超越性的追求，是人的本性。如果这种本性得不到正常的发展，它就会以病态的方式表现出来。目前关于我国社会状况存在的问题，有舆论尖锐地说是“不差钱，差灵魂”，这正是普遍的灵性健康的缺失所带来的不足。

如果人们正常的追求“灵性健康”的心理受到压制，没有正常的渠道来满足人们对“灵性健康”的追求，这种追求就会从非正常的渠道表现出来，从而引发严重的后果，包括肯·威尔伯所说的“巫术、邪教、服用迷幻药、盲目崇拜”等。即使是通过正常的渠道得以表现，也容易发生“超”的谬误以及“拔高主义”的错误。在我国，“气功热”走偏、练各种功走偏的情况十分普遍。

限制“灵性健康”的追求产生的另外的弊病是社会大量人群的需要满足的低俗化。包括人生缺乏支柱，空虚、无聊，对于吃喝、麻将的过分追求，甚至迷恋赌博、嫖娼。

诸多原因造成中国人在人格的发展上，有一种灵性健康追求的不足。这个问题还有待进一步深入研究。

五、“只接纳一半”的危害

肯·威尔伯指出：

“我们常常这样想：如果能够去掉对立面中不好的或者不想要的那一面，我们的生活就会变得更加快乐。也就是说，如果我们消除了痛苦、邪恶、死亡、折磨、疾病等，那么，善、生命、快乐和健康就会涌现，生活就会变得美好、健康、愉快。这正是许多人的天堂观念。他们的天堂只是由对立面中正面的那一半特质构成的，而不是所有对立的超越。而地狱则是由负面的那一半特质，例如痛苦、折磨、烦恼、焦虑、疾病等构成的。

划分正与负两面，然后对正的一面紧追不舍，这似乎已经成了西方文明进步的关键特征，宗教、科学、医学、工业等都是如此。所谓进步，不过就是‘走向’正的方面，‘远离’负的方面的过程。尽管医学、农业已经取得了很大成就，而且若干世纪以来人们一直在强化正的方面，消除负的方面，但我们却一点看不出人类有更加幸福、更加满意、更加宁静的倾向。实际情况恰恰相反：今天已经变成了‘焦虑的时代’，变成了‘未来冲击’的时代，变成了挫折和异化盛行的时代，变成了拥有财富却感到无聊的时代，变成了充裕却感到生命缺乏意义的时代。”

肯·威尔伯的这一思想，具有深刻的意义。用它来看一些流行的片面的关于成功的培训，其问题就显得很清晰。这些关于成功的培训正是拼命让人们强化正的方面，远离负的方面。它们很像“大跃进”时期的“人有多大胆，地有多大产”。

这些培训避开人们存在的问题，抓住人们急于成功的心理，无休止地激励他的欲望。例如，有的培训要人们挥舞拳头，不断地大声喊叫：“我是最棒的！我是最棒的!！我是最棒的!!!”这的确可以暂时地强化当事人的意志力量，刺激人们成功的欲望。当人们的欲望被刺激起来以后，他会觉得什么困难都可以克服。不少人感觉自己在很短的时间内就可以成为亿万富翁。但由于这种培训并没有真正的成长做基础，它只能够取得一种“打肿脸充胖子”似的效果。人们暂时获得的自信很容易消失，最后常常导致自信的下降。

肯·威尔伯指出：“所谓‘进步’和不幸福，就像是一枚转动的硬币的两面。渴望‘进步’，就意味着对眼下的状态不满。我们越是渴望‘进步’，我们就越是对现状感到不满。在盲目追求‘进步’的过程中，挫折已经深入了我们的文明。当我们在强化正的方面、消除负的方面的时候，我们忘记了如果没有负的方面，正的方面也就不存在了。正负两个方面尽管就像白天和黑夜一样有区别，但是，如果没有黑夜，我们又如何辨认白天？当我们在消除负面的同时，我们也失去了欣赏正面的机会。因此，我们越是取得进步，我们就越是失败，挫折感也就越严重。

整个问题的根源在于，我们把对立的两面看成是不相容的，两者完全是相互分离的。即使最简单的对立，比如买和卖也被视为两个相互分离的不同事件。当然，买和卖从某种意义上讲的确有些区别，可关键是它们完全是不可分割的。你买什么东西的时候，同时就有人在卖东西。换句话说，买和卖只是同一个活动的两面，即商品交换本身。交换的两面是不同的，但是却代表了同一个活动。”

“只接纳一半”是人类影响广泛的行为习惯和误区。

我在自己的治疗实践中，发现许多当事人都根深蒂固地持有这种观念。他们把内心的感受分为“好”和“坏”两种。凡是“坏”的感受，包括愤怒、委屈等负面情绪，就深深压入自己的内心。这样，这些负面情绪被超我不断地压入潜意识，成为心理情结。许多人在自己的内心都隐藏了不少情绪，例如对父母的愤怒。这些情绪从来没有得到处理，而是被各种各样的防御机制所压抑、隔离了。由于压抑、隔离负面情绪也需要能量，这样，他们浪费的能量就越来越多。只有处理这些情结，才能够把他的能量解放出来。

“只接纳一半”有深远的根源，包括文化的根源。这里我们尝试从心理学的角度来理解。“只接纳一半”是怎样形成的呢？我以为，原因至少有以下三个方面：

1. 我们不少人在小时候都有孤独、缺少爱的体验，我们有大量的时间沉浸在自恋的幻想中，把事物分成对自己有利的和对自己不利的两种。我们用大量时间来幻想美好的生活，逐渐就形成了完美主义的习惯。我们对未来有极大的期望，这些期望使我们焦虑，使我们不能够活在当下，总是去追求能够更快更好的东西。

2. 我们都有避苦趋乐的天性。在生活中，我们总是本能地选择快乐，逃避痛苦。这种天性需要逐渐得到改变。我们需要学会延迟满足，学会以必要的痛苦来换取欢乐。小的时候，我们有父母关照，不知道满足需要必须付出代价。我们的安全感只是依赖性的安全感。我们应该在成长的过程中，把安全感从依赖性的安全感转化为独立性的安全感。这也是我们的意志力得到训练的过程。

3. 社会文化的影响，使我们形成两分法的局限的思维。

六、“积极的心态”辨析

“积极的心态”在当前是一个非常流行的话语，我们常常听到有人在强调：“要有积极的心态!”但是，从真正踏实成长的角度看，“积极的心态”这一概念还有含混的地方，笼统地强调“积极的心态”，未必就有积极的效果，有时候甚至成为一种阻碍成长的防御机制。

我们有必要对这一概念进行辨析。那么，究竟什么是真正的“积极的心态”?

抽象地说，所谓“积极的心态”应该是指当人处于困境中时，看待事物和自身能够突破一时的局限，用发展、成长的眼光来看自己状况的一种心态。或者说，当人遭遇困境之时，能够尽量放空自己，尽量不带任何主观偏见和心理情结来看待自己的一种心态。

现实生活中有不少关于“积极的心态”的误区：

例如，常常有人把“积极的心态”解释为只看正面，不看负面，甚至忘记负面。或者只看积极的方面，不看消极的方面，甚至忘记消极的方面。

在现实生活中，有的人过去曾经遭受过心理创伤，现在仍然留有明显的心理问题和情绪问题，他们或者严重焦虑、恐惧、愤怒、易激惹，或者经常有内心冲突、矛盾混乱，或者脾气古怪等。如果您劝他找咨询师解决，他常常会说：“这是过去的事情了，过去的事情就让它过去吧，我要向前看。”他们会把自己的这种态度解释为“积极的心态”。

有的人有强烈的负面情绪和心理问题，有时候实在憋不住了，也去寻求心理咨询或者参加工作坊，但他们在咨询和参加工作坊的过程中，却不愿意去碰自己的问题和伤疤。他们常常辩解：“我是来寻求方法的。”他们也会把自己的这种态度解释为“积极的心态”。

人由于自身的“避苦趋乐”的天性，在生活中难免会遭遇一些挫折，难免会遇到一些难受的事情。大多数人在这个时候往往是尽量隔离它，不去想它，尽量去忘记它。他们往往还会有一种理由，美其名曰“时间是最好的良药”。如果是处于应急状态，当下有重要的事情需要处理，我们的临时回避是合理的。但如果这个阶段已经过去，我们仍然一味回避，这就有问题了。这是迁就我们“避苦趋乐”的天性。欲望有高有低，心态有好有坏。采取“积极的心态”是需要做出一定努力的。

我们的文化中历来有“报喜不报忧”的习惯。我们的文化自觉或者不自觉地回避甚至掩盖阴暗面。这也促使我们容易错误地去对待负面情绪。

“5·12”大地震时，到处流行“别哭，别伤心!”的劝告，其实这是有一定问题的。这种流行的劝告，如果是在地震正在进行过程中的时候，作为应急是可以的。或者在没有条件进行心理治疗的情况下，人们只能够这样做。但在地震危险期过去后，再这样劝告，则会使人产生压抑情绪，形成心理问题。有一些心理咨询师在灾区进行心理治疗时，只注意包扎伤口，注意安慰当事人，不注意引导当事人宣泄自己的情绪，面对客观现实。由于错误理解“第二次创伤”的问题，有意地回避了当事人的心理创伤，放弃了对当事人进行实质性的治疗。这些做法都常常有一个好听的根据：“积极的心态”。

与此相反，真正治本的心理治疗并不只是要树立正的一面，消除负的一面，而是处理和疏通阻碍当事人发挥自己的心理障碍和心理情结。处理当事人负面的心理情结就是帮助他挖掘出自己的压抑的潜能。

真正的“积极的心态”，不是避开消极的情绪，而是要敢于面对，进而接纳自己的消极情绪，接纳这些以前由于恐惧等情绪没有接纳的东西。一旦做到了对消极情绪的接纳，我们的能量就得到解放，积极的情绪也就能够得到适当的、正确的发挥。

面对、接纳、行动，是“积极的心态”的重要内容。

在这里，关键的一步是让自己面对和接纳自己原来不接纳的负面情绪。一旦接纳了自己原来不接纳的情绪，这原来所谓的负面情绪就会转化为正面的可以运用的能量。或者说，这实际上是从根本上化解一种人为的、虚妄的、浪费人能量的正面与负面的对立。

如果您凭借自己的力量就可以做到这一点，当然很好，怕就怕如果做不到反而会增加一些防御机制。这时候，对于您来说，真正的“积极的心态”就是勇敢地去寻求心理咨询师的帮助。

七、对负面情绪的新态度

大家都有烦恼。对待烦恼，大家都习惯回避。但烦恼是一种能量，回避烦恼就意味着要把这种能量隔离起来，这又必须占用新的能量。这样，我们就会浪费双倍的能量。我们许多人都感觉到能量不足，其深刻的原因正在于此。

有心结的人会有这样那样的恐惧、禁忌，这些恐惧、禁忌也就是非舒适区。

肯·威尔伯认为："从你意识到对生活不满的那一刻开始，你就在向内心进行探索了。这种不满并不是像一般的心理医生所认为的是一种'心理病态'(mental illness) 的征兆，或者是无法适应社会的表现，也不是什么性格缺陷。恰恰相反，对人生的不满孕育着智慧的种子，这种特殊的智慧通常被社会交往中的尔虞我诈所埋没。当一个人开始意识到生活的痛苦，他对生命中更深刻、更真实的现实的觉察就开始了——苦难常常把我们对人生所抱的幻想击得粉碎，迫使我们在某种意义上保持警觉，让我们仔细地去观察，深刻地去感受，以一种通常回避的方式去触及自己与世界。过去有人讲苦难就是荣耀的开始。我对此深信不疑。从某种意义上讲，受难之时几乎就是欣喜 (rejoicing) 之时，因为它标志着富有创造性的洞见的诞生。"(见本书第七章)

这一段话，简直可以看成对禅宗"烦恼即菩提"的一种非常好的解释。烦恼不是什么坏事，它只是成长的一个机会。

肯·威尔伯批评一种常见的对待烦恼的错误态度："有不少的人沉湎于痛苦，就像母亲紧抱着自己的小孩，成了一种负担，不敢松手。他们没有用觉察的心来面对痛苦，而是如殉道者一般麻木地任由痛苦摆布。我们既不能拒绝、排斥、鄙视痛苦，也不能过分渲染、执著或使其神圣化。"

肯·威尔伯的看法，从一个角度解释了许多人不愿意面对和寻求心理咨询的原因。面对痛苦、解决痛苦，也许是更痛苦的一件事，所以还不如躲在原来的舒适区。

对待痛苦、烦恼，应该接纳、面对和解决。"面对"是指面对自己的不舒服。

与“面对”相反的是逃避。通常，我们只是用种种防御机制把自己的不舒服压入潜意识。

要解决这些不舒服，需要我们设法把它们从潜意识里调出来。这看起来似乎是在“揭伤疤”，但实际上打开的是暗地里仍然在化脓、溃烂的伤口；即使是流出一些脓液，也会有一定好处。对于这种治本的方法，一般当事人都有极大的阻抗。但长痛不如短痛，痛一下，挺过去就有大进步。

八、肯·威尔伯对治疗理论和方法的启示

肯·威尔伯的意识层次理论，对于心理治疗的理念和实践具有重要意义。在这里，我仅仅从自己的个人成长以及心理治疗的实践谈两点体会。

1. 肯·威尔伯的理论使我们对心理治疗有了一个整体的观念，他为我们提供了一种可以把所有的治疗流派和方法串联起来的思想。他的意识层次图描述了一个从病态到比较健康，再到“成佛”的连续统一体。这也就是从病态走向“大健康”。它连接了心理治疗和灵修，使它们成为一个连续统一体。我所提出的全人心理学有一个重要的理念：“人人需要心理调整，人人可以终身成长!”可以说这与肯·威尔伯思想的启示不无关系。

2. 肯·威尔伯关于认同的理解，深化了我关于“通心”的思想，扩大了我关于“通心”的概念。人的成长就是不断突破疆界，扩大认同的过程。这一过程，也可以看成“通心”的范围不断扩大的过程。从肯·威尔伯的意识谱和意识层次的角度来理解“通心”的思想：

在意识谱上的生命整体阶段以前，人的成长需要和自己通心。

在“角色”阶段，人的成长需要和自己的“阴影”通心。

在“私我”阶段，人的成长需要和自己的身体通心。

进入意识谱上的“生命整体”阶段，意味着个人的初步成熟。进入这一阶段后，人的继续成长，需要和外界通心。

这也是开始向超个人阶段发展。

当人能够和所有的外界通心时，就是达到了所谓天人合一的境界。

心理治疗就是逐渐增加和扩大一个人认同的范围。同样，我们也可以说，扩大认同的过程就是扩大通心的过程。我们与一个对象通心，首先就意味着突破我们自己与这个对象的心理疆界。

心灵的问题有若干层次。人的成长从最低层次到最高层次，有没有一种方法可以贯穿始终呢？有，这就是“通心”。当所有疆界都已经突破，认同扩大到了极端时，就是“天人合一”的状态。“事事无碍”的含义就是“处处通心”。人为什么需要“终极关怀”？“终极关怀”可以唤醒我们的大我，使我们认同更大的东西，与更大的东西通心。

九、“分离”的意义

肯·威尔伯的《没有疆界》并不是一本旨在全面论述成长的书。在这本书中，肯·威尔伯对疆界的看法主要是从不好的角度来谈的。例如，他在序言里就说：“这本书探讨的是我们如何把自己当下的体验用一道道的疆界分割成不同的部分，从而使我们自己远离了自身、他人以及整个世界。”“我们经验中的所有这些斗争、焦虑、痛苦以及失望等，都是由于我们自己在经验中错误地设立各种各样的疆界所造成的。这本书探讨了我们是如何制造这些疆界的，我们应该怎样面对这些疆界。”

肯·威尔伯在书中充分地论证了划分疆界的弊病，论证了打破疆界的意义，论证了认同的意义和作用。这些论述十分精彩。但也需要注意，划分疆界也有好的方面。认识到有疆界，甚至界限分明，这实际上也是人格独立性的体现，是心灵成长的一个成就。明确疆界就是打破依赖，就是实现分离。所谓打破依赖，就是要搞清楚自己是自己，他人是他人，外界是外界，分清楚界限。

肯·威尔伯在这本书的第九章也谈到了疆界以及分离的意义：“在前面几章中，我们把‘治疗’看成认同的一种‘扩展’。现在我们突然间又要否定认同，这是不是互相矛盾呢？实际上，这只不过是关于一个过程的两种不同说法而已。再回过头来看图1，请注意从角色到私我层次的下降、深入过程中，发生了两件事。第一，个体把阴影看成与自己一致，认同了阴影。第二，他认为自己不再等同于角色，或者打破了自己对角色的执著。他对这种‘新’的身份，即私我的认同，是角色和阴影的协同联合（synergistic combination）。同样，为了从私我下降、深入到人首马身层次，在打破对私我的执著的同时，人们把自己的认同扩展到了身体，不再把自己等同于私我。在每个案例中，我们不仅扩展了一个全新的、更广阔的认同，同时也打破了旧有的、狭隘的认同。同样，在从人首马身层次温和地下降、深入到超个人的自我时，在温和地打破或者放弃对人首马身的狭隘认同的同时，我们逐渐把自己的认同扩展到了外界环境。”但结合整本书来看，他的论述显得似乎不够充分。在这里，我不揣冒昧地尝试做一点补充。

实际上，不管是“没有疆界”，还是“没有依赖”，都是走向“大健康”的过程，是一个问题的两个方面。

对于成长来说，认同和分离是两个相反但都必须进行的过程。在青春期，我们开始进行与父母的分离，在这一过程进行的同时，新的自我认同也在进行。我们认同自己是一个具有独立人格的人。

分离的意义是什么呢?

分离的意义就是变得更加强大、自信、独立、完整。人要不断成长，就要不断分离。分离就是要打破、消除依赖。

人为什么要打破、消除依赖呢?

人对依赖的需要从小就有，我们从小到大都在依赖：依赖父母，依赖老师，依赖领导，依赖单位，依赖社会，依赖宗教。

依赖的原因是弱小，还不能够强大到独立。依赖父母，意味着在生活上不能够独立。

依赖老师，意味着在学习上不能够独立；依赖领导，依赖单位，意味着在工作上不能够独立；依赖社会，意味着在意识形态上不能够独立；依赖宗教，意味着在信仰上不能够独立。

依赖是我们必不可少的阶段。但过度依赖则使我们的潜能的发挥受到限制，在我们足够强大后，就必须扬弃依赖。扬弃依赖就是在原有的基础上建立新的非依赖的关系。

不再依赖父母，意味着我们与父母的分离，意味着我们要自食其力。

不再依赖老师，意味着我们与老师的分离，意味着我们能够独立学习。

不再依赖领导、依赖单位，意味着我们与领导、单位的分离，意味着我们敢于进行社会流动，选择更能发挥自己潜能的工作。

不再依赖社会，意味着我们与社会的分离，意味着我们的思想意识形态的独立。

不再依赖宗教，意味着我们与“上帝”的分离，意味着我们要最大限度地具有“上帝”的品质，具有最大限度的精神自由。

在深刻的意义上，或者说在理论上，不断地分离意味着我们离自己的真我，或者说离“大精神”越来越近，或者说离上帝越来越近。

认识到自己的独立性，不再依赖，实现分离，这是扬弃依赖的第一步。

没有依赖并不是没有相互关系，独立后、分离后人仍然活在各种关系中。但随着人的独立性的增加，他需要建立新的关系。新的关系就是通心的关系。通心是完成对依赖的扬弃的标志。通心，当然也有新的认同。

不通心也就是新的关系还没有建立，还没有彻底完成分离。

在深刻的意义上，不断地通心也意味着我们离自己的真我，或者说“大精神”越来越近。

自我实现的人就是最大限度实现了分离、摆脱了依赖的人。

自我实现的人也就是超越个人的人。超越个人的过程，意味着他逐渐摆脱依赖，逐渐能够在更大范围内通心。

十、“一体意识”的不同含义

在本书中，“一体意识”是一个非常重要的概念，但在肯·威尔伯的使用中，这一概念具有不同的含义，至少有以下两种值得注意：

在本书的第一章，肯·威尔伯写道：“在这种令人敬畏的大彻大悟的体验中，最具魅力的情况就是个体超越了任何疑虑的阴影，从根本上感觉到自己是与整个世界、整个宇宙同为一体的，没有什么高或低，神圣或世俗之分。人的‘认同感’（sense of identity）扩大开去，远远越过了心灵与肉体的狭窄的局限，拥抱着整个宇宙。也正是由于如此，R. M. 巴克将这一觉知状态称为‘宇宙意识’（cosmic consciousness）。穆斯林称之为‘终极认同’（supreme identity）。所谓‘终极’，是因为它认同了万事万物（the all）。我们把这种意识称为‘一体意识’（unity consciousness）——这是一种与浑然一体的宇宙的充满爱意的拥抱。”

在这里，“一体意识”是指个体对宇宙一体性的感悟，或者按照一体性、宇宙的本来面目来体验、看待宇宙。

“一体意识”的另外一个含义是指“大精神”、“一体性”。宇宙的一体性或者说大精神本身是一直存在的，是不以我们为转移的。但人对宇宙的一体性或者大精神的觉知是不同的，有时候是觉知不到的。在第一章中，肯·威尔伯写道：“我们将用一章来解释意识层次图中所有其他层次的成长问题，包括生命整体层次、私我（ego）层次、角色层次。在有了这一基本的理解以后，我们将在意识层次中下降，依据经验探讨不同层次的意识以及以前经常使用的主要治疗方法。最后，我们要回到一体意识上。我们将看到，这是唯一适合我们的、也是我们事实上一直未曾脱离的唯一层次。”

在这里，所谓“我们事实上一直未曾脱离的唯一层次”应该是指“一体性”或者“大精神”。它“本身是一直存在的，是不以我们为转移的”。那么，也许读者会问：当人处在角色、私我等状态中时，不就脱离一体意识了吗？

人在角色、私我等层面其实并没有脱离大精神。因为大精神是角色、私我等存在的前提。一体意识是基础意识，是我们各种认同的前提。它是种子识，可以含藏各种认同的对象和认同者本身。还有一种说法，叫做道，不可须臾而离也；可离非道。应该也是同一个意思。

李晓旭、程英茜等翻译了本书的部分初稿，李明、刘军、吴文安、彭旭等对译稿提出过很好的意见，特此致谢。我的水平有限，难免有理解不准确之处，欢迎大家提出宝贵意见。

E-mail：xujinsheng2003@sina. com

许金声

2011 年 7 月

序 言

这本书探讨的是我们如何把自己当下的体验用一道道的疆界分割成不同的部分，从而使我们自己远离了自身、他人以及整个世界。我们人为地把自己的觉知（awareness）分解成了许多相互对立的范畴，例如，主体与客体、生与死、心灵与身体、内在与外在、理性与本能等等。我们将它们各自孤立起来，使得经验之间互相否定，生命与生命之间相互冲突。这样一种暴力所导致的后果，可以用多种词语来描述，简而言之就是“没有幸福感”。生活变成了苦难，充满了冲突与争斗。其实，我们经验中的所有这些斗争、焦虑、痛苦以及失望等，都是由于我们自己在经验中错误地设立各种各样的疆界所造成的。这本书探讨了我们是如何制造这些疆界的，以及我们应该怎样面对这些疆界。

今天，我们面对自己的冲突与矛盾，感到非常困惑，不知道在何处能得到帮助。首先，在东西方都存在大量可用的方法，从精神分析到禅宗佛教，从格式塔心理学到超越性静修，从存在主义到密宗哲学，等等。其次，这些学派常常互不相容。它们不仅对痛苦的分析不同，解决之道也不同。一个人往往在接受了两位不同派别的心理学家或静修导师的思想后，才会发现它们大相径庭。

我尝试走出这些令人困惑的各种观点的分歧，提出一种全面的综合性视角。我把这些治疗、康复、个人成长的不同方法全部纳入一个框架，称为“意识谱”（或译为“意识层次”），弄清了它，我们就能够吸收和整合西方心理学和心理治疗三大流派的精华，这三大流派即传统的自我主义（包括认知行为主义和弗洛伊德的自我心理学）、人本主义（例如生物能量说和格式塔心理学）、后人本主义（包括精神综合法、荣格心理学和一般所说的神秘体验论传统）。据我所知，还没有别的书提出过类似观点。

本书展示了我们在经验中建造的这些疆界如何变成了意识的限制，变成了碎片、冲突和斗争。正是这些限制和疆界，共同构成了意识层次。我们将看到，各种不同的疗法如何定位在意识层次图中的不同层次上。每种疗法都试图化解意识中的某一疆界或症结。通过对不同疗法的比较，可以揭露出在觉知中产生的各种类型的疆界，进而开始了解如何化解这些障碍，并且超越它们得到成长。

对于一般的读者而言，本书将介绍从自我主义、人本主义到后人本主义的主要的成长和转化之道，它们是如何互相联系的，并提供给读者一些具体的练习以体验这些不同的方法。

本书是一部概括性的叙述，并非严格的专业图书或学术著作，所以我在简化与浓缩内容时不免有些随意，例如，我没有详细地论述想象训练、放松反应、角色塑造、思维阻断和梦的解析。由于行为矫治法过于繁琐，书中也没有详细论述。当谈到"意识的终极状态"时，我没有使用专业角度上更准确的术语，如不二意识（non-dual consciousness）、开放的根本意识（open ground consciousness）、畅通无阻意识（unobstructed consciousness）、语法正确的一体意识（grammatically correct unitive consciousness）。如果你想进一步了解意识层次，请阅读我的其他更具学术性的著作［《意识层次论》（*The Spectrum of Consciousness*），Wheaton，Quest，1977；《阿特曼工程》（*The Atman Project*），Wheaton，Quest，1980；《来自伊甸园》（*Up from Eden*），Anchor/Doubleday，1981］。

为了阐述自己的观点，我引用了其他作者的一些作品，并特别选择了那些大众已经熟知的、容易理解的资料，这让我的工作简化了许多。我要特别感谢以下作者，他们的著作让我受益匪浅：本书的第二章获益于毕赞特博士（Dr. Besant）的《意识研究》（*A Study in Consciousness*）；第三章获益于怀特海（Whitehead）的《科学和现代世界》（*Science and the Modern World*）；第四、第五章获益于圣·奥古斯丁（St. Augustine）

和迈司特·埃克哈特（Meister Eckhart）；更要提到的就是克里希那穆提（Krishnamurti）的《最初和最后的自由》（*The First and Last Freedom*）以及《关于生活的诠释》（*Commentaries on Living*），和艾伦·瓦特（Alan Watt）的《不安感的智慧》（*The Wisdom of Insecurity*）。例如，第四章的第一部分就是对《最初和最后的自由》以及《不安感的智慧》的第五章的改写。第七章获益于帕特尼（Putney）夫妇的《心理调整后的美国人》（*The Adjusted American*）；第八章获益于亚历山大·洛温（Alexander Lowen）的所有著作；第九章获益于罗伯特·阿萨鸠里（Roberto Assagioli）；第十章获益于铃木大拙（Suzuki Roshi）的《禅的心智，初学者的心智》（*Zen Mind，Beginner's Mind*）和布巴·弗里·约翰（Bubba Free John）的《倾听的膝盖》（*The Knee of Listening*）。熟悉以上作者的任何人都会马上发现我从他们那里得到了极大的启发。我希望借助这些大师对于心灵不同层面的诠释，使意识层次的整体性质更易被捕捉、被理解。

肯·威尔伯

内布拉斯加州林肯市

1979 年春

第一章　导言：我是谁？

没有任何预兆，也没有任何明显的原因，有一种体验会随时、随地突如其来地降临：

> 片刻之间，我发现自己置身于一片绚丽的彩云之中。起初，我以为是失火了，附近那座大城市的某处燃起了熊熊大火。然而，随后我就明白了，那火是在我自己心中燃烧。紧接着，一种兴奋和幸福的感觉向我袭来，随之而来的还有一种难以言喻的智慧的通明。我不仅相信，而且确实看见了宇宙并不是一些死气沉沉的物质，恰恰相反，它是有生命的存在，充满了生机与活力。在我自己的身上，我彻悟了生命的生生不息。这并不是确信自己将长生不死，而是意识到在那一刻我得到了永生。而且整个人类都是永恒不朽的。我洞悉了宇宙的秩序，毫无疑问，世间的万事万物都在为个体和群体的利益而共同运作，世界以及宇宙的基本原则就是我们称为"爱"的东西。从长远来看，个体以及全人类都迟早将获得幸福。
>
> ——R. M. 巴克（R. M. Bucke）

这是何等奇妙的觉知啊！如果我们仓促得出结论，断言这种体验是幻觉，或者是精神失常，那就大错特错了。因为后来据他们揭示，他们并没有经历任何精神病幻象的苦痛折磨。

> 街道上的尘土、石头都如黄金一般贵重，大门乍看起来像是世界的终点。当我透过其中一扇门初次看见那些绿树的时候，我感到欣喜若狂、心醉神迷……男孩和女孩们在街头奔走嬉笑，洋溢着生命活力，他们都是会移动的珍宝。我一点也感觉不出他们是已经出

生或者是将要死去的。芸芸众生一切都各得其所，永恒存在。在阳光下，永恒清清楚楚地显现出来……

——特拉赫恩（Traherne）

美国最重要的一位心理学家威廉·詹姆斯（William James，1842—1910）曾经反复强调："我们平常清醒时的意识只是意识的一种特殊类型，非常微薄的层层屏障隔离了它及与它相关的一切，在这些屏障的后面可能还有很多与清醒时的意识完全不同的意识形式。"我们日常的觉知仿佛是一座平平常常的岛屿，它被广阔的、未曾探索的意识的海洋所包围。海浪昼夜不停地冲击着岛屿，直到海浪越过了海岸的阻隔，流入岛内，巨大的、大部分未被探索却又极其真实的新世界的觉知淹没了我们这日常觉知的岛屿。

心动神驰的时刻来到了。它如此强烈，整个宇宙都静默了，仿佛为那难以言表的庄严与壮丽所震慑。无垠的宇宙成为一体，泽被万物的、完美的一体……也正是在那无比幸福的奇妙瞬间，我大彻大悟了。在内心强烈的想象中，我看见构成宇宙的原子或者分子——我不知道它们是物质的还是精神的——重新调整着位置，而此时宇宙正处在绵延不断的生命历程中，从一种秩序转换到另外一种秩序。面对这环环相扣的生命之链，万物各得其所，各得其时，那是怎样的一种快乐啊！宇宙中的一切都融合成了一个和谐的整体。

——R. M. 巴克

在这种令人敬畏的大彻大悟的体验中，最具魅力的情况就是个体超越了任何疑虑的阴影，从根本上感觉到自己是与整个世界、整个宇宙同为一体的，没有高或低、神圣或世俗之分。人的"认同感"（sense of identity）扩大开去，远远越过了心灵与肉体的狭窄的局限，拥抱着整个宇宙。也正是由于如此，R. M. 巴克将这一觉知状态称为"宇宙意识"（cosmic consciousness）。穆斯林称之为"终极认同"（supreme identity）。所谓"终极"，是因为它认同了万事万物（the All）。我们则泛称它为"一体意识"（unity consciousness）——这是一种与浑然一体的宇宙的充满爱意的拥抱。

> 街道属于我，神庙属于我，人群属于我，天空属于我，太阳、月亮、星星，整个世界都属于我，我是唯一的观众和欣赏者，陶醉于其中。我不知道什么烦琐的条条框框，什么疆界，什么分界线，但是所有的束缚、分界线都是我自己，所有的财富以及它们的拥有者也是我自己。我曾经在这些纷扰中堕落，被驱使着去学习人世中那些卑鄙龌龊的伎俩，现在我已经抛弃了它们，就像重新回到童年，可以进入天国了。
>
> ——特拉赫恩

这种关于“终极认同”的体验如此广泛，所以，它以及那些声称试图解释这种经验的各种学说，就有了这样一个名称——“长青哲学”（The Perennial Philosophy）。事实证明，世界上的主要宗教，包括印度教、佛教、道教、基督教、伊斯兰教、犹太教等，都是以这样一种体验或者知识为核心的。因此，我们能够有根有据地讨论“宗教信仰的超越性统一”（transcendent unity of religions）和原始真理的一致性。

本书的主题就是要讨论这种类型的觉知，这种“一体意识”或者“终极认同”是众生的状态和本性。但是，我们却一步一步地给世界设置各种疆界，为固守这些疆界而失去了真正的本性。于是我们原本单纯、统一的意识在不同的层次上带着不同的认同、不同的疆界在运作。这些不同的层次，基本上也就构成了我们回答“我是谁?”这一问题的各种方式。

“我是谁?”这个问题，也许从文明诞生之日起就一直困扰着人类，直到今天，它仍然是最令人头疼的问题之一。人们为此提供了各种各样的答案：从宗教的到世俗的，从复杂的到简单的，从科学的到浪漫的，从政治的到个人的，五花八门，众说纷纭。但我们并不是要去考察这个问题的各种各样的答案，而是要探讨当人们在提出并且回答“我是谁?”、“什么是真正的自我（self)?”、“我的最基本的身份是什么?”等问题时所经过的非常具体的、基本的心理过程。

当有人问“你是谁?”时，你会给出一个理智的、诚实的、多少有些具体的答案。你当时实际上是在做什么呢？当你在做这件事时，你的头脑里正在进行一个什么样的过程呢？从某种意义上说，你正在对你所知道的你的“自我”进行描述。你的描述包括了你认为与你的身份密切相关的极其重要的事实：好的或者坏的，有价值的或者无用的，科学的或者诗意的，哲学的或者宗教的，等等。例如，你也许会想：“我是个与众不同的人，具有一定的潜力；我的心地善良，但有时也冷酷无情；我充满爱心，但有时也心怀敌意；我身为父亲，是一个律师；我喜欢钓鱼、打篮球……”这类感觉和想法还可以不停地列举下去。

然而，就在这个确立身份的过程中，还有一个更加基础的心理过程。当你回答“我是谁?”这个问题时，非常简单的事情发生了。当你在进行描述或者解释，甚至仅在你的心里感受你的“自我”时——无论你是否意识到——你实际上是在内心里为你的全部经验划出一条心理界线：在这条界线里面的一切，你会感觉是你自己，或者叫做你的“自我”，而在界线外面的一切你则觉得是“非我”（not-self）。换句话说，你的自我认同（self-identity）完全取决于你在何处划下那条界线。

你是一个人而不是一把椅子，你之所以知道这一点，是因为你已经有意无意地在“人”和“椅子”之间划了一条界线，并且让自己认同了前者。你也许是个长得很高的人，而不是一个矮子，于是你心里在“高”和“矮”之间划了一道界线，这样让自己与“高”认同。你在“这个”或“那个”之间划分界线，并且确认自己认同“这个”，不认同“那个”，你就这样感觉到了“我是这个，而不是那个”。

因此，当你说“我自己”时，你就在“什么是我”和“什么不是我”之间划了一道界线。当你回答“我是谁?”这个问题时，你仅仅描述了什么在界线里面。当你不能确定在哪里划下这条界线时，所谓的“自我认同危机”就出现了。简而言之，“我是谁?”意味着“我在哪里划下界线”。

不容置疑，所有对“我是谁?”这个问题的解答，都来源于你如何划定自我与非我的疆界。一旦你划定了这条自我与非我的疆界，对于这一问题的回答可能会变得很复杂，可以是科学的、神学的、经济学的，但是也可能很简单，无须说明。无论如何，任何答案都必须依据你对疆界的划分。

关于这条分界线，最有趣的事情莫过于它可以并且确实在经常变化，游移不定。也就是说，它能够被重新确定。在一定意义上，人可以重新描述他的灵魂（soul），从中发现他以前从未认为有可能达到，甚至从未期望过的新领域。正如我们先前看到的，最激进的界线的重新绘制或者改变发生在“终极认同”的体验中。在这里，人们把自我认同的范围扩大到了整个宇宙。我们甚至可以这么说，人们挣脱了一切疆界。因为当个体认为自己是“一个和谐的整体”时，就没有了内外之分，在这种情况下，疆界当然就不存在了。

本书会反复考察这种没有疆界的觉知，即“终极认同”。但在这里我们有必要先考察一下一般人在自己的灵魂中划分疆界的一些更熟悉的方式。疆界的划分虽然因人而异，但是也可以归纳出几个容易识别的类型。

人们所能够划出的最常见的分界线，就是自己身体的那层皮肤。这种自我与非我的分界线，可以说是被普遍接受的。在皮肤和皮肤之内的就是“我”，在皮肤之外的就是“非我”。皮肤之外的东西可以是“我的”，但并不是“我”。例如，我可以辨认“我的”汽车，“我的”工作，“我的”住房，“我的”家庭，但是，它们都在我的皮肤之外，它们与我皮肤之内的所有东西是不一样的，它们不是直接的“我”。因此皮肤是最基本的我与非我的疆界。

也许我们会想，皮肤这一疆界是如此明晰、真实、具有普遍性，以至于除了罕见的一体意识的体验或者无可救药的精神病当事人的体验外，再不会有任何其他真正可能的疆界划分了。事实上大多数人还有一种疆界。当他们把皮肤看成一种天然的自我与非自我的疆界的同时，他们还在自己的整个生命机体内划出了另外一道更加重要的疆界。

如果你对生命机体内部的疆界这种说法感到困惑，那么让我向你请教："你觉得你就是这个身体吗？还是觉得你拥有一个身体？"大部分人会回答：他们有一个身体，这与他们拥有一部汽车、一栋房子等没有什么区别。所以，身体似乎应该说是"我的"，并不是"我"。而"我的"，从其他意义上来看，是在"自我"与"非我"的疆界之外。人们通常只具体地认同自己生命整体的某一部分，被他看成真正自我的这个方面，有种种不同的称呼，例如心智（mind）、心灵（psyche）、自我、人格（personality）等。

从生物学的意义上看，心智和躯体（body）、心灵和身体（soma）、自我与肉体（flesh）根本不存在分离和割裂。但是，从心理学上看，这种割裂的观念却十分普遍。实际上，心智与躯体的分离以及由此而来的二元论已经成了西方文明的一个重要的思想模式。请注意，即使是在这本书中，我也不得不使用"心理—学"（Psych-ology）一词来称呼这一研究人的整体行为的学科。使用这一词语本身就反映了一种偏见，即认为人在本质上是心智的而不是躯体的。圣·弗朗西斯（St. Francis）甚至称自己的身体为"可怜的蠢驴兄弟"。我们大多数人确实也有这样的感觉：我们只是在驾驭自己的身体，就像骑着一头驴子一样。

这条心智与躯体之间的疆界是有一点古怪，但是，它并不是生而有之的。随着年龄的增长，人们开始划出并强化自我与非我的疆界时，身体使他百感交集。是应该把身体划入自我呢，还是应该把它归入"异域"？究竟何处应该是它的疆界？一方面，身体是人生许多快乐的源泉。从性爱的销魂、食物的精美，到落日的余晖，无一不是通过身体的感官感受到的。另一方面，身体又是痛苦的渊薮。从各种各样的疾病、残疾到癌症，都是如此。在孩子看来，身体是快乐的唯一来源，也是与父母发生冲突以及苦痛的肇端。此外，身体还会制造出废物，不断使得父母惊慌和焦虑，而产生废物的原因在孩子看来是神秘的。尿床、排便、流鼻涕，这些乱七八糟的事情都是与身体联系在一起的。这条疆界划在哪里，真是一个棘手的问题。

但是，通常来说，当一个人成熟的时候，他就会同“可怜的驴子兄弟”[①] 说“拜拜”了。当自我与非我的疆界被划分以后，驴子兄弟就会被踢出界外。身体几乎（还不是全部）与外部世界一样被归入了异域。我们虽然还不能说身体和环境同样生疏，但也谈不上亲切。自从在躯体和心智之间有了疆界后，人们便倒向了心智一边，甚至会觉得自己活着的只是一个脑袋，似乎脑袋中有一个袖珍的小人在对身体发号施令。而对于袖珍小人的命令，身体可能服从，也可能不服从。

总之，人们对于自我的认同，并不是包括所有的生命整体，而只是生命整体的一个方面，即他的“私我”。也就是说，他所认同的只是自己头脑中或多或少也都正确的自我意象（self-image）以及与这种自我意象相关的理智和情感的活动。既然他不具体地认同整个生命整体，他所认可的最大程度也只是这个生命整体的照片或形象而已。这样，我们又发现了另一道基本的疆界：一个人的认同主要与私我，即自我意象有关。

我们可以看到，这一道自我与非我的界线是极有弹性的。所以，在“私我”或者“心智”内部（我现在是很不严格地在运用这些术语），我们还可以划出另外的疆界，这是不足为奇的。由于很多原因（关于这些原因，我将在后面详细讨论），人们甚至会拒绝承认自己心灵的某些方面是“他的”。按照心理学的说法，他疏离、压抑、割裂、投射了这些方面。也就是说，他把自我与非我的疆界限制在了私我的某些部分上。我们可以把这种狭隘的自我意象称为“角色”（persona）。关于“角色”的内涵，我在后面还将详细讨论。当个人只是认同自己心灵的某些方面（角色）时，其余的心灵活动就被看成“非我的”，是异域的，是陌生的，是恐惧的。他重新为自己的灵魂划分疆界，企图否定那些他不想要的、自己身上的部分，将它们从意识中驱除出去，我们将这一部分称为“阴影”（shadow）。他或多或少“失去了心智”。显然，这是另外一条常见的疆界。

---

① 指身体。——译者注

到目前为止，我们并没有断定哪一种疆界是“适当的”、“正确的”或者“真实的”。我们只是客观地指出自我与非我的一些主要的疆界。既然我们没有用判断的方式来讨论这个话题，那么我们至少还可以介绍另外一种备受瞩目的疆界，这就是与所谓的“超个人的”（transpersonal，或译“后人本主义的”）现象有关的疆界。

所谓“超个人的”，是指某个过程发生在个人身上，但在某种意义上又超越了个人。最简单的例子就是“超感官知觉”（extra-sensory perception），简称“ESP”。后人本心理学家已经认识到存在多种超感官活动，包括心灵感应、预测未来、推算过去等。也许我们还可以把灵魂出窍、超自我或者超个人体验、高峰体验也包括在内。它们有一个共同点，就是自我与非我的疆界已经超越了身体皮肤的界线。虽然超个人的体验与一体意识有相似之处，但不应该将两者混淆。在一体意识中，个人与所有一切、万事万物认同。在超个人体验中，个人认同虽然已经扩展出去，超越了机体的皮肤疆界，但还没有扩展到万事万物以及绝对的整体。尽管还没有认同万事万物，但其认同也不仅仅局限于生命整体。在本书的后面，我们还会详细讨论超个人体验的许多问题，不管人们对它有什么想法，大量证据说明至少有某些形式的超个人体验存在。因此，我们可以放心大胆地说，这些超个人的现象代表了另外一种自我的疆界。

讨论自我与非我疆界的关键在于：对于个人来说，并不是只有单一的认同，人具有多层次的认同。这些自我认同的层次并不只是一种理论的假设，而是可以观察到的现实，你可以在自己的身上进行验证。就这些不同层次而言，我们称之为“意识”的这种既熟悉而又神秘的现象仿佛是一张光谱，由许多自我认同的层次或水平组成的彩虹般的光谱。请注意，我们简要地划分了认同的五种类型或层次。这五种主要层次自然还有许多变化，它们自身也都还可以细分，但这五种类型应该是人类意识的五个基本方面。

我们不妨把这些认同的主要层次排出一个顺序，这一光谱似的排列见图 1—1“意识层次图”。

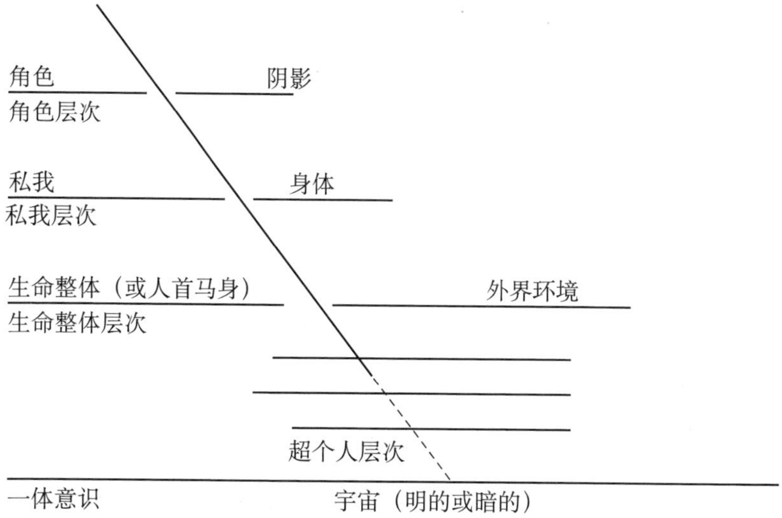

图 1—1 意识层次图

“意识层次图”显示了自我与非我的主要的疆界，以及我们所讨论的认同的主要层次。每个不同的层次取决于人们能够并且事实上又在什么地方划下了这些疆界。请注意：疆界从上开始，向下延伸，在我们称为“超个人”的地方断裂开，变成了虚线，最后达到一体意识时完全消失（见图 1—1)。因为在终极层次上，自我与非我已经融合成了“一个和谐的整体”。

意识层次图的每一个连续的层次都显示了一种对个人的自我感觉、他的真实的认同、他对“我是谁?”的回答等的限制。在意识层次图中，越往上越接近表层，自我越是狭隘。相反，越往下，自我越是宽广。在意识层次图的底部，个人感觉到他与宇宙是一体的，他的真实的自我不仅是他的有机生命整体，而且是所有的天地万物。从底部往上一层，在生命整体层次，个人虽然还没有万物同体之感，但和自身的整个机体还是同一的。在这一层次，他的认同感已经有了一些变化，从与整个宇宙浑然一体缩小到宇宙的某一部分，也就是他的生命整体。从这一层次再往上，他的自我认同范围进一步缩小，因为他主要对自己的心智或私我认同，而它们只是他的生命整体的某个方面而已。在意识层次图的最后一个层次上，他疏远和压抑了阴影或者自己不想要的心灵的某些方面。他只对心灵的某个部分认同，这部分我们称为“角色”。

因此，从宇宙到称为“生命整体”的宇宙的一个方面，从生命整体到作为生命整体的一个方面的“私我”，从私我再到作为私我一部分的“角色”，这些组成了意识层次图的主要方面。在这个层次图的每个连续的层次上，越往上，宇宙越来越多的方面就被划到个人的“自我”之外了。这样，在生命整体层次上，环境处于自我疆界之外，成了陌生的、外部的、非我的。但在角色层次上，不仅个体的环境、身体，甚至连心灵的某些方面都成了外部的、陌生的、非我的。

在意识层次图上，不同层次不仅代表了自我认同的差别（尽管这种差别很重要），而且还代表了某些与自我认同直接或者间接相关的差异的特征。例如，就普遍存在的“自我冲突”来看，显然，有不同层次的自我，就有不同层次的自我冲突。其原因在于，在不同的层次上，一个人的自我疆界是以不同的方式划分的。任何一位军事专家都会告诉你，疆界就是潜在的战线，因为它划分了两个敌对的阵营。例如，一个处于生命整体层次的人会发现环境是他的潜在的敌人，因为环境是陌生的、外在的，会威胁到他的生命和幸福。处于私我层次的人会发现不仅环境，而且自己的身体都是异域，这样他的烦恼和冲突又有明显的不同。他转换了自我的疆界，也就改变了矛盾和个人战争的战线。在这种情况下，他的身体也成了敌人。

在角色的层次上，这条战线的作用可能会非常尖锐、突出，因为他将界线划在了自己心灵的不同层面之间。这样，作为角色的个人与环境、身体以及自己心智的某些方面就有了一条战线。

当一个人把自己的灵魂划出疆界时，他与灵魂的战争也就随之开始，这正是关键之所在。个人认同的疆界把宇宙的一部分划成了自我，把其余部分划成了非我。这样，在意识层次图的每一个层次上，都有一部分世界成了非我的、敌对的、陌生的。每个层次都把宇宙的不同过程看成“陌生人”。弗洛伊德曾经指出，陌生人似乎都是敌人。在意识的每个层次上，都可能与不同的敌人发生冲突。请记住，每一条疆界都是一条战线，而每个层次的敌人各有不同。用心理学术语来说，不同的“症状”来源于不同的层次。

意识的不同层次具有不同的特征、症状和潜能，这种情况把我们引向上述观点中最有趣味的一点。现在，人们对各种各样研究意识不同层面的派别、技术产生了兴趣，而且兴趣之强烈、增长之快令人难以想象。人们纷纷涌向精神疗法、神秘体验论、心理综合、荣格精神分析、禅宗、交往分析、罗尔夫按摩治疗法（Rolfing）、印度教、生物能量理论、精神分析、瑜伽、格式塔心理学。这些学派的共同之处是它们试图通过这种或者那种方式引起一个人意识上的变化。但其共同之处也仅在于此。

当一个人真诚地希望增进对自我的了解，面对为数众多的心理学和宗教派别时，常常感到不知所措，不知道从何做起，不知道应该相信何人。即使他对心理学和宗教的主要派别进行了详细了解，仍然可能和刚刚入门时一样有众多困惑。因为从总体上看，这些学派五花八门，互相冲突。例如，禅宗教导人们要遗忘、超越或者看破私我，而精神分析却要人们强化、巩固和确立私我。那么，到底谁对？谁错？不管是对于专业的心理治疗师还是对此感兴趣的外行，这确实都是一个难题。如此多的相互冲突的心理学派的目的都在于理解同一个人。或者它们不是这样？

也就是说，各种不同的流派，它们所针对的是不是意识的同一个层次呢？也许我们应该说：不同的方法，是为了解决自我的不同层次的问题。那些不同的方法，实际上并不是互相矛盾的，它们事实上反映了意识层次图的不同层次的差异？或者说所有这些方法，当它们运用到自己所针对的层次上时，都具有一定的合理性？

如果这一点成立，我们就能够从这个错综复杂的领域中理出一个头绪来。显而易见，心理学和宗教的各种不同的派别在根本上并不是互相矛盾的，它们是针对个人意识的不同层次的不同方法，它们是互为补充的。以这种理解为基础，我们可以把心理学和宗教的广阔领域分为容易掌握的五六个类别，每一类都主要针对意识层次图的某一层次。

在这里，可以简单举例：精神分析和大部分常规心理治疗的目标都在于使心灵中意识和无意识之间严重的分裂得以愈合，使人触摸到自己的“整个心智”，即这些疗法旨在使角色与阴影重新结合，建立一个坚强和健康的自我，建造一个准确和可以接纳的自我意象。换句话说，它们针对的是私我的层次。它们都试图帮助在角色层次生活的人把自己的灵魂重组为自我。

而且，大部分所谓的人本主义的心理治疗都是在力求弥合私我与身体的分裂，使心灵和身体重新整合起来，使之成为完整的生命体。这也正是人本心理学（心理学的第三种势力，另外两种势力为精神分析和行为主义）被称为人类潜能运动的原因。人的认同从单纯的心智或者私我扩展到浑然一体的生命整体，在这个过程中，机体的巨大潜能得到了释放，人可以在更大程度上掌控自己的潜力。

再者，我们发现，佛教禅宗和印度的吠陀哲学（Vedanta Hinduism），其宗旨都是为了消除有机生命整体与外界环境之间的分裂，从而展现一种同一性，一种能够与整个宇宙认同的终极认同。换言之，它们的目标都是力图达到一体意识的层次。但是，我们不要忘记，在一体意识和生命整体意识之间，还存在着超个人层次。针对这一层次的心理治疗与个体内部那些“超个体”（supra-individual）、“集体性的”（collective）、“超个人的”过程有着密切联系。其中有的疗法甚至关系到“超越个人的自我”（transpersonal self），尽管超个人的自我还没有和万事万物达到一致（否则就成为一体意识了），它却超越了个人机体的限制。属于这一层次的治疗方法有心理综合、荣格精神分析、各种各样的瑜伽练习、超越性静修技巧等。

上面这些当然只是一种简单的描述，但它也指出了心理学、心理疗法以及宗教的主要派别都只是针对意识层次图中的不同层次这一常见现象。我把它们的关系用图 1—2“意识层次与心理治疗对照图”来表示。

心理治疗的主要派别都列在了它们所基本对应的意识层次的旁边。在这里，我必须说明一点，在意识层次图中所做的划分，只是相对的，不同层次之间或多或少会有所重叠交错，绝对的一成不变的层

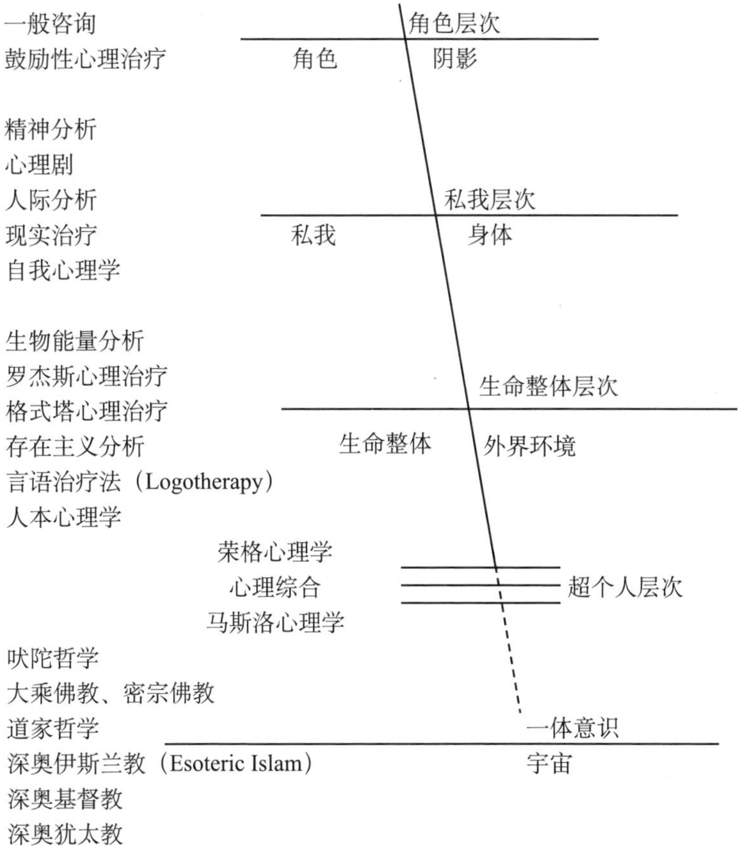

图 1—2　意识层次与心理治疗对照图

次划分和相关的心理疗法的分类都是不存在的。此外，当我根据意识层次图对某一治疗方法“进行分类”的时候，这就意味着这一层次为该种疗法基本上所能认可的最深层次。一般而言，你会发现，每一层次的心理疗法都能认可并且接受比它更浅的层次，却会否定比它更深的层次的存在。

如果有一个人，不管他是一般人还是心理治疗师，一旦他熟悉了这个意识层次图，熟悉了不同的层次所具有的不同的潜力和问题，他就能给自己（或者他的病人）进行更好的定位，找到自我理解与自我成长的途径。他能够更容易地认清现有的问题或者冲突是来自哪一个层次，从而找到相应的治疗方法。他还能够很容易地了解自己的潜能是什么，找到应该发挥的潜能和水平，并找到实现这种成长的步骤。

成长（growth）的最基本的含义是指一个人的视野的拓展，向外更加广阔，向内更有深度。意识层次图的取向是由上而下（或者也可以说是由下而上，这取决于你选择的角度，本书采用由上而下的次序，因为这样更符合图 1—1）。每当一个人在意识层次图中下降了一个层次，他就有效地重新规划（re-mapped）了自己的灵魂，扩大了它的范围。成长是一种再分配（re-apportionment）、再划分、再规划；是对一个人自我的更深、更广层次的认可和丰富。

在下面的三章中，我们将会对终极奥秘，即一体意识的某些方面进行探讨。我们只能够慢慢摸索、渐渐靠拢。这种探讨除了使我们对一体意识有所感觉外，还使我们更好地理解今天称为“后人本心理学”、“智能理论”（noetics）或者“意识研究”的这个领域。我们要考察没有疆界的世界是什么样子，探索没有过去与未来的疆界的当下是怎么一回事，我们还要探索没有内在和外在区分的觉知是什么意思。

我们将用一章来解释意识层次图中所有其他层次的成长问题，包括生命整体层次、私我层次、角色层次。在有了这一基本的理解以后，我们将在意识层次中下降，依据经验探讨不同层次的意识以及以前经常使用的主要治疗方法。最后，我们要回到一体意识上①。我们将看到，这是唯一适合我们的，也是我们事实上一直未曾脱离的唯一层次。

---

① 也许您已经开始注意到，本书所说的“一体意识”有时候含义是不相同的。例如，在本章开始的时候，肯·威尔伯写道：“在这种令人敬畏的大彻大悟的体验中，最具魅力的情况就是个体超越了任何疑虑的阴影，从根本上感觉到自己是与整个世界、整个宇宙同为一体的，没有高或低、神圣或世俗之分。人的‘认同感’扩大开去，远远越过了心灵与肉体的狭窄的局限，拥抱着整个宇宙。也正是由于如此，R. M. 巴克将这一觉知状态称为‘宇宙意识’。穆斯林称之为‘终极认同’。所谓‘终极’，是因为它认同了万事万物。我们则泛称它为‘一体意识’——这是一种与浑然一体的宇宙的充满爱意的拥抱”。现在，他又说“这是唯一适合我们的、也是我们事实上一直未曾脱离的唯一层次”。这两种说法，似乎有一定差异。其实这可以理解为两种不同的角度，即“因”与“果”的不同的角度。前者是从“因”的角度来说的，后者是从“果”的角度来说的。——译者注

第二章　只认可一半

你是否曾经反思生活中为什么充满了对立？为什么自己看重的东西都是对立物中的一个方面？为什么必须在对立之中做出选择？为什么所有的愿望都建立在相互对立的基础上？

请注意所有的空间和方向的衡量尺度都是对立的：上对下，里对外，高对低，长对短，北对南，大对小，此对彼，顶对底，左对右等等，都是如此。还请注意：所有我们认为严肃的、重要的东西都是某对矛盾中的一极。例如，善对于恶，生对于死，快乐对于痛苦，上帝对于撒旦，自由对于束缚，等等。

同样，我们的社会的、审美的价值判断也都是以对立的形式出现的。例如，成功对失败，美丽对丑陋，强壮对柔弱，聪明对愚蠢，等等。甚至我们的最高级的抽象观念也是依赖于对立的。例如，逻辑是关于正确与错误的，认识论是关于表象与实在的，本体论是关于存在与非存在的，等等。这样看来，我们的世界是一个充满了对立物的集合体。

对于上面的这些情况，我们早已习以为常。但是，如果我们认真地反思一下，就不难看出其中的荒谬。大自然似乎并不理解人类所居住的这个对立世界，它不会产生出真实的青蛙和虚假的青蛙，也不会长出有道德的树和没有道德的树，没有正确的海洋和错误的海洋，也不存在有道德的山岳和没有道德的山岳。因为大自然喜欢生产出所有的物种，至少对于大自然来说，无所谓美丽的物种和丑陋的物种。梭罗（Thoreau）①

---

① Henry David Thoreau，1817—1862，美国作家、思想家。其著作多根据他在大自然中的体验写成。——译者注

曾经说：大自然从来不会道歉。显然，这是因为大自然不知道正确与错误的对立，也就不知道人类所想象的“错误”。

在大自然中，当然也有所谓的“对立”，例如大青蛙与小青蛙，大树与小树，成熟的橘子与不成熟的橘子等。但是，对于这些生物来说，这不算什么问题，也不可能引发什么焦虑症。在大自然中，也许会有聪明的熊和愚笨的熊，这对于它们也无关紧要，完全不可能在熊那里发现自卑情结。

在大自然中，所有的生物都有生与死，但在一般生物那里，却看不到人类世界所特有的那种对死亡的恐惧。一只老猫在临死之前不会感到恐惧。它会平静地走到树林中，默默地蜷伏在一棵树下，直到去世。病危的知更鸟会安稳地栖息在柳枝上，遥望着西边的落日。当最后一缕阳光从地平线上消失的时候，它就会闭上眼睛，轻轻地从树上滑落。这些动物对待死亡的情况，与人类面对死亡时的心态实在是大相径庭：

> 决不驯服地
> 等待最后的夜光，
> 疯狂、激昂，
> 抵抗光明的衰亡！

在自然界中也有痛苦与快乐，但它们不会成为烦恼。如果狗觉得痛苦，它会大声嚎叫，如果它不再痛苦，就会忘得一干二净。它不为未来而忧虑，也不为过去而懊悔，一切都似乎非常简单而自然。

我们会反驳说情况的确如此，这是因为——简单地讲——大自然本身就是麻木不仁的。但是，这种看法是很难成立的。我们已经开始意识到，大自然远比我们所能够想象的要聪明得多。伟大的生化学家艾伯特·圣捷尔吉（Albert Szent-Gyorgyi）曾经举了一个有趣的例子：

> （当我进入普林斯顿的高级研究所时，）我原来希望与那些伟大的原子物理学家和数学家朝夕相处，经常切磋，这样我可以领悟某些生命现象。但是，当我向他们指出在每一个生命体系内都有两个以上的电子时，那些物理学家都不再与我继续讨论了。因为他们即

便借助最先进的电脑，也不能发现第三个电子的存在。令人惊讶的是电子恰恰就知道它在做什么。小小的电子懂得所有那些普林斯顿的聪明的科学家们不懂的事情。而这只是非常简单的常识。

我认为，大自然恐怕不仅比我们所能想象的更聪明，而且它的聪明程度还是我们难以想象的。例如，大自然就产生了人类的大脑，我们也为自己拥有这种宇宙中最有智慧的工具而洋洋得意。试问，一个白痴能够创造出天才的杰作吗？

根据《创世纪》记载，亚当的首要任务之一就是为自然界中的动物和植物命名。大自然的万物本来并没有贴上姓名标签，是人类为了方便才对万物加以分类命名的。也就是说，亚当负有清理大自然复杂的形式和过程的任务，并为它们命名。“这些动物彼此相同，与那些动物则判然有别。我们就把这些动物称为‘狮子’，把那些动物称为‘熊’吧。再看看，这种东西可以吃，那种东西不可以吃，就称这种可以吃的为‘葡萄’，那种不能吃的为‘石头’吧。”

然而，尽管亚当为这些动物和植物命名而不辞劳苦，但他真正的使命还不仅在此。他的工作的关键部分在于分类的过程本身。除非每一种动物只有唯一的一只（这完全是不可能的），他必须在头脑中将类似的动物组成一组，与其他的动物区分开。他不得不学着在各种动物中间从心理上划出界限，舍此无以充分辨认不同的兽类，继而为之命名。换句话说，亚当所要做的是去建构心理的或者象征性的分界线。亚当是对自然进行描绘，在心中对自然进行分隔、标记，用图形进行阐述的第一人。亚当是第一位伟大的绘图者。亚当为自然划出了界限。

我们在自然中划分疆界是如此成功，直到今天，我们仍然乐此不疲。我们的每一个决定，我们的每一次行动，我们说的每一句话，都有意无意地是从这些疆界的结构出发的。在这里，我所指的是广义的疆界，而不是我们强调的自我认同的疆界，尽管后者当然也非常重要。每当我们做出一个决定，这意味着我们要在选择与不选择之间划出一道疆界。当我们渴望什么的时候，这意味着我们在“快乐”与“痛苦”之间划了一道疆界，并且选择前者。当我们坚持一个观点时，这意味着我们在自己认为是“对”与“不对”的概念之间划了一道疆界。我们接受教育只是为了告诉我们在什么地方以及如何划出疆界。维系法制体系，就是在“合法”与“违法”之间划分疆界。发动战争，就是在“敌人”与“朋友”之间划分疆界。研究伦理，就是在“善”与“恶”之间划分疆界。学习西医，就是在“健康”与“疾病”之间划分疆界。显然，无论是生活的小事还是人生的大事，无论是小决定还是大决策，无论是出于温和的倾向还是燃烧的激情，在生活中处处都划分有疆界。

有趣的是，不管分界线如何复杂奇怪，归根到底都划分出了内与外。例如，我们可以画出一个最简单的疆界形式——圆圈，它就表明了内外之分。

请注意，在你画这个圆圈之前，“内”与“外”的区分是不存在的。换句话说，正是界线制造了“内”与“外”这样的一个对立物。划界线，就是制造对立。因此，我们可以明白，我们之所以生活在对立的世界中，恰恰就是因为我们所熟知的生活就是一个划分疆界的过程。

亚当很快就发现，对立的世界就是冲突的世界。当时，他一定为划分疆界和命名所产生的力量而感到着迷。请想一想，像“天”（sky）这样简单的音节，就能够代表整个浩瀚的、蔚蓝的天空，而且疆界的力量将其与大地、海洋、火焰区分开。这样，亚当不必亲自去接触这些现实客体，只需要在头脑里使用（manipulate）这些神奇的名字，就可以替代这些现实客体本身。在没有发明划分疆界和命名之前，如果亚当想告诉夏娃“你笨得像驴”，他必须带着夏娃，四处寻找，直到找到一头驴。为了让夏娃明白他的意思，他还必须指一指那头驴，然后再指一指夏娃，做出各种愚蠢的怪象，又蹦又跳。而现在，通过语言的魔力，他只需要对夏娃说：“天呀，亲爱的，你简直笨得像头驴！”其实，夏娃远比亚当更聪明，她常常会保持沉默，不为语言的魔力所动。她心里明白，语言犹如一把双刃剑，玩剑者必倒于剑下。

与此同时，亚当由于自己的工作是如此重要、有力和神奇，就不免变得有一些自大。于是，他开始将疆界拓展到那些本来最好不要被标注出来的地方，并因此获得有关这些地方的知识。这一自大的行为在智慧树上达到顶点，智慧树实际上就是善恶对立的树，当亚当能够辨认善与恶，在善与恶之间划上了致命的疆界，他的世界就崩溃了。亚当犯下原罪以后，他自己造出的对立的世界转过来折磨他。苦与乐、善与恶、生与死、劳作与娱乐……对立冲突的大军，攻陷了人类的阵地。

亚当从中领教的令人生气的结果，就是每一条疆界都成了潜在的战争导火线，划分疆界就是准备冲突，特别是对立面的战争冲突，包括生与死的冲突、快乐与痛苦的冲突、善与恶的冲突。亚当后悔莫及地认识到："什么地方划分了疆界"也就意味着"什么地方就会发生战争"。

很简单，我们生活在对立与冲突中，就是由于我们生活的世界处处有疆界。既然疆界就是战线，人们就面临这样的困境：疆界越稳固，冲突就越持久。我越渴望快乐，我就越害怕痛苦。我越想变善良，我就越害怕邪恶。我越想成功，就越难以承受失败。我越是贪恋生命，就越恐惧死亡。总之，我越珍惜，就越怕失落。换言之，我们大多数的问题都是疆界以及疆界引起的对立的问题。

我们一直都习惯于试图通过根除对立面的一方来解决对立问题。我们处理善与恶的对立时，就是想通过根除恶来解决问题。我们在处理生与死的对立时，则是想用象征性的不朽来掩盖死。在哲学中，我们处理概念上对立的双方的方式，是通过否定一方的存在或试图将一方简化到另外一方。唯物主义者试图将心智归于物质，唯心主义者则试图将物质归于心智。一元论者把多元化纳入一体性，而多元论者把一体性阐释为多元化。

问题就在这里，我们常常把疆界当做真实的，然后再操控由划分疆界所产生的对立面。我们似乎从来没有怀疑过疆界本身的存在。由于我们以为疆界是真实的，也就顽固地想象对立的两面永远不可以调和，永远分离。"东方就是东方，西方就是西方，两者永远不会交融"。我们也认为上帝与撒旦、生与死、善与恶、爱与恨、自我与他人等，就像白天与黑夜一样永远互相对立。

我们常常这样想：如果能够去掉对立面中不好的或者不想要的那一面，我们的生活就会变得绝对快乐。也就是说，如果我们能够克服痛苦、邪恶、死亡、折磨、疾病等，那么善、生命、快乐和健康就会涌现，这也正是美好的生活，这正是许多人的天堂观念。天堂因此也只是对立面中积极部分的累积，而不是针对所有对立面的超越。反之，地狱则充斥着所有消极面：痛苦、折磨、烦恼、焦虑和疾病等。

划分正与负两面，然后对正的一面穷追不舍，这似乎已经成了西方文明进步的显著特征——它的宗教、科学、医学、工业等都是如此。所谓进步，不过就是"走向"正的方面，"远离"负的方面的过程。尽管医学、农业等已经取得了很大成就，而且若干世纪以来人们一直在强化正的方面，消除负的方面，但我们却一点也看不出人类有更加幸福、更加满意、更加宁静的倾向。实际的情况刚好相反：今天已经变成了"焦虑的时代"，变成了"未来冲击的时代"，变成了挫折和异化盛行的时代，变成了拥有财富却感到无聊的时代，变成了物质丰富却感到意义缺乏的时代。

所谓"进步"和"不幸福"，就像是一枚转动着的硬币的两面。渴望"进步"，就意味着对眼下的状态不满。我们越是渴望"进步"，我们就越是对现状感到不满。在盲目追求"进步"的过程中，挫折已经深入了我们的文明。当我们在强化正的方面，消除负的方面的时候，我们忘记了如果没有负的方面，正的方面也就不存在了。正负两个方面尽管就像白天和黑夜一样有区别，但是，如果没有黑夜，我们又如何辨认白天？当我们在消除负面的同时，我们也失去了欣赏正面的机会。因此，我们越是取得进步，我们就越是失败，挫折感也就越严重。

整个问题的根源在于，我们把对立的两面看成水火不容、完全分离的。即使最简单的对立，例如买和卖也被视为两个相互分离的不同事件。当然，买和卖从某种意义上讲的确有些区别，但关键在于它们是完全不可分割的。你买什么东西的时候，同时就有人在卖东西。换句话说，买和卖只是同一个活动的两面，即商品交换本身。虽然交换的两面是不同的，但是却代表了同一个活动。

同样的道理，对立的各方共同拥有一个暗含的同一性。不管现实的各方有多大区别，它们都是一个无法分割的整体。如果一方消失了，另外一方也就不存在了。没有外，就没有内；没有下，就没有上；没有失，就没有得；没有苦，就没有乐；没有死，就没有生。正如中国古代圣人老子所说：

> 天下皆知美之为美，
> 斯恶已。
> 皆知善之为善，
> 斯不善已。
> 有无相生，
> 难易相成，
> 长短相形，
> 高下相盈，
> 音声相和，
> 前后相随，
> 恒也①。

（《道德经》第二章）

庄子进一步说：

---

① 天下都知道美之所以为美，
丑的观念也就产生了；
都知道善之所以为善，
不善的观念也就产生了。
有和无互相生成，
难和易互相促就，
长和短互为显示，
高和下互为呈现，
音和声彼此应和，
前和后连接相随，
这是永远如此的。
（陈鼓应《老子今注今译》）——译者注

故曰，盖师是而无非，师治而无乱乎？是未明天地之理，万物之情者也。

是犹师天而无地，师阴而无阳，其不可行明矣。然且语而不舍，非愚则诬也！①

《庄子·秋水篇》

对立的内在统一不只是一种在东方和西方的神秘体验论中才有的观念。如果我们看一看现代物理学，这是西方智慧已经取得了巨大成就的领域，就会找到现实就是对立统一这一观点的另一版本。例如，在相对论中，古老的静止与运动的对立已经不可区分，也就是说，“每一方都是两者”。在同一个时间，某个物体对于一个观察者来说是静止的，对于另外一个观察者来说却是运动的。同样，波与粒子之间的差距也消失了，变成了波粒子（wavicles）。结构与功能之间的对立也消失了。能量与物质也被纳入爱因斯坦的 $E=mc^2$ 公式，从而消除了分离。古老的物质与能量的对立在这里成了同一实在的两个方面。日本的广岛市已经痛切地体会到这种实在。

同样，主体与客体、时间与空间这些对立，现在都被看成相互间依存得如此紧密，以至于它们形成了交织在一起的连续统一体，一种单一的、联合的样式。所谓的“主体”和“客体”，就像是“买”与“卖”一样，是同一个交易活动过程的两个方面。我们不能够只根据空间或者时间来谈论一个物体，而要从时间与空间的同时发生来认识。简言之，现代物理学证实，实在只能够被看成对立物的统一。生物物理学家L. V. 贝塔朗菲（Ludwig von Bertalanffy）说：

如果前面的观点成立，那么实在就是尼古拉斯·德·库萨②所谓的对立共存（coincidentia oppositorum）。各种混乱的思考总是

① 常常有人说：“为什么不只取法对的而抛弃错的，取法治理的而抛弃混乱的呢？”这是不明白天地的道理和万物的实情的说法。这就好像只取法于天而不取法于地，取法于阴而不取法于阳，很明显是行不通的。然而人们还把这种话说个不停，那便不是愚蠢就是故意瞎说了。（陈鼓应《庄子今注今译》）——译者注

② Nicolas de Cusa，1401—1464，1450 年任蒂罗尔城布里克森的主教。——译者注

只能表征终极实在的一个方面，尼古拉斯称终极实在为上帝，它具有无限的多样性。因此终极实在是对立统一。

从对立的一致（也就是对立统一）的观点看来，我们过去认为不可调和的对立，按照贝塔朗菲的说法，原来是“同一个实在的互为补充的两个方面”而已。

正是基于以上这些原因，20 世纪最有影响的哲学大师之一 A. N. 怀特海①提出“机体”和“振动存在”（vibratory existence）的哲学，认为：“所有的终极元素本质上都是振动的。”也就是说，所有的我们认为不可调和的现象，包括原因与结果、过去与未来、主体与客体等，事实上就像是一个波浪的起伏，有高峰，也有低谷。波浪虽然只有一个，但是，如果没有高峰和低谷的共同存在，也就不能够显示出来。无论是高峰，还是低谷，在任何单独的一边都找不到波浪。高与低是一个波动的两极（设想没有波谷的波峰会是什么样子）。很明显，没有波谷的波峰是不存在的。波峰和波谷——实际上包括一切对立——都是同一个内在活动的不可分割的方面。正因为如此，怀特海说，在宇宙中，每一个元素“都是同一种内在能量或活动的潮起潮落的波动”。

关于对立中的内在统一，在格式塔心理学的知觉理论中表述得十分清楚。格式塔心理学认为，如果没有相对的背景作陪衬，我们就不可能辨认出任何东西来。例如，我们所谓的光明，是在黑暗的背景下显示出来的。在黑夜中，我们抬头仰望明亮的星星，我们眼睛所看见的，并不是孤立的星星，而是一个整体或完形——明亮的星星与黑暗的夜空的背景。无论明亮的星星与黑暗的夜空的对比是何等强烈，关键是两者少了哪一个我们都无法看到另一个。因此，“明”与“暗”是同一个感知格式塔的两个相互关联的方面。同样，没有相对的静止，我们就感觉不到运动，没有安逸也就感觉不到辛苦，没有简单也就感觉不到复杂，没有排斥也就感觉不到吸引。

同样，只有在与痛苦相联系的情况下，我们才知道什么是快乐。我

---

① Alfred North Whitehead，1861—1947，英国数学家、哲学家。——译者注

也许能够感觉到愉悦，但是，如果没有痛苦与不适来做对照，我就不会意识到我是愉悦的。为什么痛苦与快乐会永远循环不已？这是因为：只有在相互的对比之下，我们才能够意识到它们各自的存在。正如我喜欢这个却痛恨那个一样，试图将两者隔离是徒劳的。就像怀特海曾经说过的，快乐和痛苦只是同一个觉知的波浪（wave of awareness）的波峰和波谷，试图强调积极的波峰和消除消极的波谷，实际上就是试图消除觉知波浪本身。

也许我们开始能够理解：把生活视为分裂的对立世界后，为什么它就会变得令人完全沮丧，为何进步实际上没能成为成长，而是变成癌症。我们把世界分成两个对立的方面，抓住其中我们认为好的一面不放，例如，追求没有痛苦的快乐、没有死亡的生命、没有恶的善，实际上我们只是在捕风捉影，完全没有真实可言。就像我们去追求一个单面的世界：只有波峰没有波谷，只有买家没有卖家，只有左边没有右边，只有内没有外。因此，就像维特根斯坦（Wittgenstein）所指出的那样，因为我们的目标不是崇高的而是虚幻的，我们的问题不是困难的而是荒谬的。

质量与能量、主体与客体、生与死——所有这些对立的双方实际就是相对的，无法分离。这一点对我们大多数人而言还是有些冲击力的，让我们感到难以置信。这只是因为我们认为分界线（boundary lines）是真实不虚的。但不要忘了，正是疆界本身创造了貌似真实的对立的存在。简而言之，说“终极的实在是一切对立双方的统一”实际上也就是说在终极的实在中，没有疆界。到处都没有疆界。

实际上，我们过于迷惑于疆界，在亚当的原罪的蛊惑下，我们忘记了疆界本身的属性。因为，无论何种疆界在自然中都是不存在的，它们仅存在于为自然绘制图谱的人的心中。当然，在自然界有各种各样的线，例如，在大陆和海洋之间有海岸线。实际上在自然界中有各种各样的边界线和表面——树叶的边缘和生物机体的皮肤，地平线和树的轮廓，湖岸，光和影，以及各种把一切物体和它们的环境区分开来的边界线。很明显，那些线实实在在地在那里，但是那些线并不仅仅是区分，例如陆地和海洋之间的海岸线并不仅仅区分海洋和陆地，和我们通常所想象的不一样。就像艾伦·沃茨（Alan Watts）经常指出的那样，那些所谓的“分界线”实际上同样是陆地和海洋相接的线。也就是说，那些线既分割、区分，又联合、统一。换句话说，这些线绝非疆界。一条线和一个疆界之间具有天渊之别，这已经非常明显。

关键之处在于：分界线（lines）除了有把事物区分开的作用外，还有把事物连接起来的作用。这才是自然界中所有分界线和表面的实质和功能。它们一方面明确地划分开了事物，另一方面又暗含地把它们联系在一起。例如，我划出这样一道凹线，如图所示：

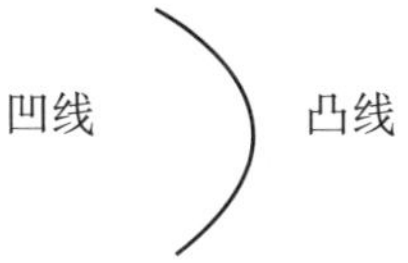

你立即可以注意到，我所划出的这条凹线同时也是一条凸线。这正是道家圣贤老子所说的相反相成。正如上面图中的凹线与凸线，它们在我划线的时候同时产生。

另外，我们也不能够说这一曲线区分了凹面和凸面，因为凹面和凸面共同拥有着这唯一的一条曲线。它不是把两个面分开，而是让两个面完全不可分割。无论我们怎样划凹线，凸线都会同时出现。因为凸线的外缘，同时就是凹线的内缘。因此，你永远都不可能见到一个没有凸面的凹面，一切对立面都是如此，都注定要相互包容。

关键在于，我们在自然界中看到的所有的分界线，甚至包括我们自己建构的分界线，都不是仅仅区分对立的双方，同时还把双方连接为一个不可分离的整体。也就是说，“分界线”并不是“疆界”（boundary）。一条分界线，不管它是心理的、自然的，还是逻辑的，除了划分和区别的作用外，还有连接、融合的作用。换一个角度来说，“疆界”纯粹是一种幻觉，因为它们试图要分割的东西实际上是不可分割的。在这个意义上，在现实世界中只有分界线却没有疆界。

当我们认为事物的两面相互分离、没有联系时，当我们只看到对立面的外在区别而忽视了它们内在的统一性时，一条具体的分界线就变成了虚幻的疆界。也就是说，当我们忽视了内在与外在的同时并存时，分界线就变成了疆界。当我们想象分界线只是区分却又没有融合时，分界线就变成了疆界。划“分界线”是好的，只是我们不要把它误做“疆界”。区分快乐与痛苦是好的，但是分离快乐与痛苦却不可能。

现在我们产生关于疆界的幻觉的过程和当年亚当是完全相同的，因为父亲的原罪在子女们身上反复重演。我们要么因循自然的线——海岸线、森林的界限、地平线、石头的表面、皮肤的表面等等——要么自己建构自己心中的线（观念和概念）。我们通过这个过程给这个世界的各个方面进行分类汇总。我们学会如何去辨别一样东西是否处于我们所划的界线之内：什么是石头，什么不是石头；什么是快乐，什么不是快乐；什么是高，什么不是高；什么是好，什么不是好……

由于我们只是重视外在的区别而忽视了内在的统一性，我们的分界线正处在变成疆界的危险中。随着我们进一步为分类的内部和外部去命名、赋予词汇或者符号，这个错误被进一步加深。因为我们在分类的内部所用的词汇肯定是可以和分类的外部所用的词汇作区分的。例如，“明”和“暗”，“上”和“下”，“快乐”和“痛苦”肯定可以区分开来。

因而我们可以操纵这些象征符号，无视它们的对立面。例如，我可以造一个句子：“我要快乐。”在这个句子中完全没有提到快乐的反面，也就是痛苦，可是两者是必然共存的。尽管我可以用语言，在思维里把痛苦和快乐分开，但在自然情况下两者还是无法独立存在的。在这种情况下，痛苦和快乐之间的分界线就成了疆界，两者可以分开的幻觉就像真的一样，越来越可信。我看不到对立的两面，只是要对同一个过程进行两种不同的命名，把它们想象成两个截然对立的过程。怀特（L. L. Whyte）曾经说：“这样一来，幼稚的心灵无法逃避自己的偏见……注定要陷入二元论的泥潭，不能自拔：主体/客体、时间/空间、精神/物质、自由/必然、自由意志/自然规律。真理本来应该只有一个，可是现在却充满了矛盾。人类没有办法思考自己在哪里，因为他把一个世界制造成了两个。”

麻烦似乎在于，我们为原来并没有疆界的自然界划出了一幅充满了疆界的人为图画，并且完全混淆了二者。正如科日寇济斯基（Korzybski）和其他普通语义学家所指出的那样，我们的文字、象征、符号、思想和观念等不过是现实的地图而已，并非现实本身，因为“地图并不是真正的领土”。“水”这个字并不能够解渴。但是，我们生活在地图和文字的世界里，就好像它们就是世界本身。我们紧随亚当的步伐，完全迷失在绝对幻想的地图和疆界的虚幻的世界里。这些虚幻的疆界以及由它们所制造的对立面已经成为我们旷日持久的战争。

我们的“生活的难题”，大多数都是来自这种关于对立面可以且应该相互分离的幻觉。但是，由于一切对立面实际上都是一个潜在实体的两个方面，这就有点像是要把一个橡皮圈往两端拉。你能做的就是把它拉得越来越长，直到“啪”的一声断为两截。

这样我们就可以理解为什么全世界的神秘体验哲学传统都把那些看透了对立的幻觉的人称为“解放了的人”了。因为他从“对立的两面”中解脱出来，在此生中从根本上荒谬的问题中解脱了出来，不受对立双方的冲突的束缚。他不再通过操纵一方来对抗另一方以寻求平和，而是超越了对立的双方。不是善恶对立，而是超越善恶。不是生死相对，而是超越双方的一种觉知。关键不是去做对立双方的划分，然后促进“积极方面的进步”；而是去发现一个超越并且能够包容对立双方的平台，统一积极和消极的对立双方，实现和谐。我们很快就会看到，那更高的平台正是一体意识本身。同时我们要知道，正如印度教经典《博伽梵歌》（Bhagavad Gita）所说，解脱不是摆脱消极的一面，而是摆脱积极和消极双方的对立：

随顺天运，
绝待无妒。
不挂成败，
为而不居。
亘古无羁，
无恶无求。
超凡绝待，

无争自酬。

按照西方的说法，这种“超凡绝待”就是在世俗的世界中找到了天国，即使福音传教士已经忘记了这一点。因为天国并不像世俗的宗教所说的那样，只有好的没有坏的，而是一种意识到“无对立”或者“无二”的状态。至少圣·托马斯（St. Thomas）的《福音书》（*Gospel*）是这么说的：

他们对主说：那我们这些上帝的孩子
是否可以进入天国？耶稣回答：
当你把这二变成一，并且
把内变成外，把外变成内，把上变成下，
当你把男人和女人变成一个人，
那时，你就可以进入天国。

无对立和不二论是印度教的 Advaita 的核心内容（“Advaita”的意思就是“不二”或者“非二”），这也是大乘佛教的基本思想。这个观念在佛教最重要的经典《楞伽经》[1] 中得到完美的表达：

明暗长短黑白等，妄念分别且执著；彼彼皆依他起故，本性一体之两面，彼彼相联非实体；诸有彼彼不相离，万法不二皆是一。

类似的说法举不胜举，但都表达了同一个意思：终极的实在是对立面的统一。我们给实在强加的各种疆界将它分割成无数的对立面，因此，所有这些传统的关于这种观点的论述，即实在并无对立面，恰恰就是实在没有疆界的观点。实在是不二的，也就是说实在是没有疆界的。

因此，我们如果要解决对立面的战争，必须首先摈弃一切疆界，而不是让对立的双方愈来愈激烈地相互争斗。对立的战争正是把疆界看成

① *Lankavatara Sutra*，佛教经典。全名为《楞伽阿跋多罗宝经》或《入楞伽经》。Lanka 是斯里兰卡岛的古名，Vatara 意为“入”或“表露”。意为释迦佛在斯里兰卡这个地方所说的经。——译者注

真实的一种病态的表现，治疗这种病态的良方就是回到事情的根本：我们虚幻的疆界。

但是，人们也许会问，如果所有的对立面都合二为一了，那么我们追求进步的驱动力是什么呢？如果一切顺利的话，这种驱动力将会因此而终结，而随之消失的还有对“篱笆那边的草更绿些”这种幻觉所导致的特有的不满。但这里有一点要说清楚，我的意思并不是要反对医学、农业、科技的某些进步，而是要抛弃那种认为只要有了这些进步，我们就能得到幸福的幻觉。如果我们能够看穿自己头脑中的疆界所带来的幻觉，那么我们在此时此地就能见到亚当在堕落之前眼中的世界：一个有机的统一体，一个对立物的和谐体，一曲由积极和消极共同演奏出的美妙旋律，一种自由嬉戏在充满勃勃生机的宇宙中的愉悦。一旦对立的事物实现了统一，冲突就会化解为和谐，交战就会演变为共舞，宿敌就会携手为挚友。这样一来，我们就能和整个宇宙和睦共处，而不仅仅是和它的一半共处。

第三章　没有疆界的版图

假如我们要简单地概括形而上学的终极奥秘，这个奥秘就是：在宇宙中是没有疆界的。所谓“疆界”，只是一种人为的虚构，它不是“实在”（reality）本身所具有的特质，而是我们对实在进行描绘、编辑的方式的产物。能够描绘出版图当然是很好的，但一旦混淆以上两者却是致命的。

不仅在对立物之间没有疆界，从更广的意义上来说，宇宙中任何地方的任何事物之间都没有疆界。考虑到现代物理学——与开普勒、伽利略、牛顿等名字相关——是地图制造和疆界划分鼻祖亚当的忠实继承者，那么没有疆界的实在只有在现代物理学中才会体现得淋漓尽致。

亚当去世后，给人类留下了绘图和疆界划分的遗产。因为任何疆界都带着政治上和技术上的力量，所以亚当对自然的限定、分类与命名就标志着技术力量的发源、对自然征服的开始。实际上，按照希伯来人的传统，所谓智慧树的果实，实际上暗藏的并不是善与恶的知识，而是有用与无用的知识，即技术知识。然而，如果每条疆界都带来技术与统治的力量，它同时也带来隔离、分裂与冲突——因为当你建立一个疆界来控制事物时，同时你也把自己从试图控制的事物中隔离、异化出来了。于是，才有亚当分裂的堕落，这也就是所谓的“原罪”。

然而，亚当所划分的疆界都是非常简单的疆界。它们仅仅是一种分类，只是为了描述、定义、命名等的方便。甚至就是在这些方面，亚当还没有完善他的分类疆界。当他还在笨手笨脚地继续划分时，就被驱除出局了，来不及花时间和精力去为蔬菜和水果等命名。

数代以后，当亚当的后裔再次面对疆界的问题时，他们进行了更精细、更抽象，也更系统的研究。古希腊人展现出了光辉灿烂的智慧力量，他们正是伟大的疆界的确定者和划分者。例如，亚里士多德将自然界的过程和事物几乎全部进行了分类，其工作如此精细而又有说服力，以至于欧洲人花了几个世纪的时间才对他所划分的疆界的有效性提出质疑。

但是，不管你的分类多么精确、多么复杂，至少从科学上来看，除了描述和定义之外，你并不能够有更大的作为。你不过是发展了一门定性的科学，即分类的科学。然而，一旦定义了最初的疆界，整个世界就成了离散事物和事件的复合体，你就可以在此基础上对疆界进行更精细、更抽象的划分。像毕达哥拉斯（Pythagoras）那样的希腊人就是这么做的。

毕达哥拉斯的贡献就在于这样的发现：无论对何种事与物的分类，从马匹到橘子再到星星，都可以施用一个窍门——对它们进行计算（count）。

如果说命名似乎具有魔力，计算的作用则更加神奇，因为命名魔术般地表示事物，而数却可以超越事物。例如，一个橘子加上一个橘子等于两个橘子，而一个苹果加上一个苹果也等于两个苹果。数字“二”不偏不倚地表明任意两个物体的集合，从而就超越了物体本身。

通过抽象的数字，人类成功地将其心智从具体事物中解放出来。在某种程度上，这种解放也可以通过第一种疆界，通过命名、分类和标记差异来达到。但是，数字极大地增强了这种力量。因为在某种意义上，计算实际上是一种全新的疆界。它是疆界上的疆界，一种元疆界（meta-boundary）。我们可以这样理解它：

运用第一种疆界，人先在不同的事物之间划定分野，区分不同的集合和类别，例如，青蛙、干酪、山脉等等。这是一种基本的疆界。一旦你已经划好了基本的疆界，就可以在这个基础上再划分第二种疆界，也就是在你的分类中计数。如果第一种疆界给出了一类事物，那么第二种疆界则给出第一类事物的类别。数字“七”指的是包含七个事物的所有集合。“七”可以指七枚葡萄、七天、七个小矮人等等。换句话说，数字“七”是所有含有七个元素的集合的集合。因此它是类别之后的类别，疆界之上的疆界。使用数字，人们构建了一类新的疆界，一个更抽象、更普遍的疆界，一个元疆界。既然疆界能带来政治和技术的力量，因而也加强了人们控制自然界的能力。

然而，这些新的更强有力的疆界所带来的巨大潜力在促进技术发展的同时，也加深了人类与自己所处的世界的隔离和疏远。通过这个新的元疆界，希腊人成功地引入了一种微妙的冲突，一种微妙的二元论，它像吸血鬼吸取猎物的鲜血那样叮上了欧洲人。因为抽象的数字，这个新的元疆界，远远超越了具体世界，以至于人类发现自己生活在两个世界中——具体与抽象、理想与现实、一般与特殊。在随后的 2 000 年中，这种二元论虽数历劫变却不改其宗，演化成了一场在理性与感性、思想与经验、才智与本能、规律与混沌、精神与物质之间的斗争。这些差别原是基于适当的真实界线之上，但这些界线往往蜕变成了疆界与冲突。

这个新的元疆界，诸如计数、运算、测量之类，好几个世纪以来都被束之高阁，没有被自然科学家们真正使用。这种局面一直延续到1600年左右伽利略与开普勒时代的到来。从古希腊时代到第一批经典物理学家的诞生，在这段时间里，欧洲这块土地被教会这股势力所控制。教会不去做测量，也不做科学计算。后来，在托马斯·阿奎那（Thomas Aquinas）的影响下，教会采纳了亚里士多德的逻辑学，而亚里士多德的逻辑学最光辉最灿烂之处却在于分类。作为生物学家的亚里士多德，一直坚持亚当创立的分类法。他从来没有考虑过毕达哥拉斯式的数与测量。教会也是这样。

17 世纪前，教会就已衰落，人们开始仔细观察周围的自然世界的形式和过程。此时，伽利略与开普勒的天才大放异彩。这些物理学家所完成的革命性的事情就是测量而已——测量是计数的一种非常复杂的形式。这样，在亚当和亚里士多德划分出疆界的地方，开普勒和伽利略划出了元疆界。

但是，17 世纪的科学家并不只是在复兴了数字和测量的元疆界的同时使之臻于极致的。他们进一步引入了，或者不如说是圆满完成了一种属于他们自己的、完全崭新的疆界。难以置信的是，他们创立的是元疆界之上的疆界——元—元疆界（meta-meta-boundary），这疆界正是代数（algebra）。

简单地说，划分出最初的一种疆界就划出了一个类。元疆界则划出了类上的类，也就是数。第三种疆界或者说元—元疆界产生了类上的类再上的类，即变量。众所周知，在公式里变量以“x”、“y”、“z”表示。变量是这样起作用的：既然数字可以代表任何东西，那么变量也能代表任何数字。正像“5”可以代表任何 5 个物体一样，“x”也可以代表任何给定范围内的数字。

通过使用代数，早期的科学家不仅能够计数和测量各种要素，而且能够找出这些测量之间的抽象关系，这些抽象的关系可以被表示成理论、定律和原理。这些规律在某种程度上“支配”和“控制”着第一类疆界所划分出的所有事物。早期的科学家得出了大量的定律：“力的作用是相互的”、“力等于质量与加速度的乘积”、“动量等于距离与力的乘积”。

显而易见，这种新的疆界——元—元疆界，带来了新知识，带来了爆炸性的新技术和政治力量。欧洲处于前所未见的知识革命的震撼中。想象一下：亚当为行星命名；毕达哥拉斯对之进行计数；而牛顿已经能够告诉你行星的重量。

那么请注意：整个科学规律的明确描述是基于三种通用的疆界的，每一种疆界又都基于前一种疆界，也比前一种更复杂、更普遍适用。第一步，划出分类的疆界以识别千差万别的事物。第二步，抽取分类后适合测量的因素。这种元疆界使你对事物的认识从定性到定量，从分类到对分类进行再分类，从元素到测量。第三步，进而探讨步骤二中的数字与测量的关系，直到建立起包容万象的几何公式。元—元疆界从测量得出结论，从数量导出原理。每一步，每种新的疆界都带给你更普遍的知识，进而带来更强的力量。

然而，这些知识、力量的获得和对自然的征服是要付出代价的，因为疆界是一把双刃剑，它从大自然割获的果实不免既甜又苦。人类获得了对自然的控制力，但凭借的方法却是把自身从大自然中彻底割裂出来。仅仅过了十代人，人类就在历史上首次自豪地授予自己这样一种可疑的荣誉：他能粉碎包括自身在内的整个星球了。天上充斥乌烟瘴气，飞鸟无影；湖里淤积油泥，有些甚至能自燃；海上散布着不可溶解的白色污染，死鱼像泡沫塑料漂浮在水银上；在有些地方，降雨能够把金属薄片腐蚀。

也是在这十代人中，第二次科学革命正在形成。没有人预料到，本来也不可能有谁能预料，在 1925 年前后，这次革命达到了登峰造极的程度，它标志着对经典物理及其疆界、元疆界、元—元疆界的超越。在爱因斯坦、薛定谔①、埃丁顿（Eddington）、路易斯·德布罗意（Louis deBroglie）②、博尔（Bohr）和海森堡（Heisenberg）等大师面前，传统疆界的整个世界分崩离析。

读这些物理学家亲自著的关于 20 世纪的这次科学革命的文献时，怎能不肃然起敬？人文智慧如此巨大的进步，全都发生在从 1905 年爱因斯坦提出相对论到 1925 年海森堡发现测不准原理的那仅仅一代人中。旧物理学的传统疆界及其绘图崩溃了。怀特海在 1925 年写道："科学进程如今正达到转折点。物理学的坚实基础已经被粉碎……科学思想的旧的基础已经无法自圆其说。时间、空间、物质、原料、以太、电学、力学、生命体、结构、组织、模式、功能等，全都需重新诠释。试想，在还不知道机械是指什么的时候，就讨论某种机械上的解释，这又有什么意义?"路易斯·德布罗意则说："在量子概念被静悄悄地引入之后，巍峨堂皇的经典物理学大厦就惊觉自己再也站不住脚了。世界思想史上很少有什么大事变能与此相提并论。"

为了理解"量子革命"对旧的科学秩序是怎样一种洪水猛兽，让我们回顾一下 20 世纪前夕的情况。那时，物理学界已经凯歌行进了大约

① 薛定谔，1887—1961，又译薛丁格，生于维也纳埃德伯格，卒于奥地利的阿尔卑斯巴赫山村。奥地利理论物理学家，量子力学的奠基人之一。1933 年和英国物理学家狄拉克共同获得了诺贝尔物理学奖，被称为量子物理学之父。——译者注

② Louis deBroglie，1892—1987，法国物理学家。——译者注

140 年之久。宇宙被看成——至少被经典物理学家看成宏大而含混不清的集合体，组成它的事物有明确的时空分野，这些事物彼此孤立。这些孤立的实体，包括行星、陨石、流星、苹果、人等，都被认为是可精确测度和计量的，这是一个最终可以得出科学定律和原理的过程。

这种套路是如此成功，以至于科学家们幻想整个自然界都服从那些法则。宇宙被视为牛顿学说中的巨大台球桌，而宇宙中所有孤立的事物正是其中漫无目的地相互碰撞的台球。当科学家们开始研究亚原子物理世界时，他们理所当然地以为牛顿物理学的老一套也适用于质子、中子、电子。其实不然，事实完全出乎意料。这种意外的感觉就好比你一直戴着手套，当某天你脱下手套时，却惊愕地发现自己的手变成了龙虾的钳爪。

更糟的还不是旧物理学原理对诸如电子的这些“终极实在”的不适用，而是它们居然还无法被定位出正处在什么地方！正如海森堡所说：“我们再也无法把那些原先被当做最后的客观实在的东西——那些构建物质的砖石——设想成‘局限于它们自己所占的地方里’。这是因为它们违背了时空中客观定位的所有形式。”不光是亚原子台球不服从已确立的法则，甚至这些台球本身就不存在，至少不能作为可分离出的实体而存在。换句话说，就是：原子并不表现为离散的“东西”。旧物理学曾把原子比拟成微型的太阳系，中子和质子聚成太阳原子核，离散的行星电子围绕着核旋转。而如今原子则被认为更像一朵雾状的云，无限地融入环境。正如亨利·斯塔普（Henry Stapp）所写：“一个基本粒子并不是一个独立存在而不可分解的实体。它本质上只是一组连接外物的关系的集合。”这些“基本粒子层次上的东西”、构筑所有实体的最基本砖块之所以不能被确定出所在位置，简言之是因为它们没有疆界。

进一步说，因为这些宇宙的“终极实在”没有确定的疆界，也就无法被充分测度。物理学家为此伤透了脑筋，因为他们手里的法宝只有科学测量、计数和元疆界的量尺。无论在什么条件下这些基本实体都不能被完全测度，这叫做海森堡测不准原理。它给经典物理学画上了句号。海森堡本人则称此为“整个严密体系的瓦解”。旧的疆界就这样分崩离析了。

因为亚原子粒子没有疆界，所以对它们就谈不上元疆界和测量，从而更谈不上精确的元—元疆界或“原理”。至今，就找不到什么原理，找不到什么元—元疆界的图解来指导单个电子的运动，因为首先它没有疆界。没有疆界就谈不上元疆界、元—元疆界。核物理学家现在必须借助于概率和统计。这样，他们得把足够数量的原子成分聚集为一个可以人为界定其疆界的独立物。接着可以构造元疆界，并对该系统作为一个整体如何运行做出理论上的估测。而关键在于，物理学家如今懂得这些疆界只是人为假设，而物质的那些基本成分本身并无疆界可寻。

现在更容易看明白旧物理学错在哪里。物理学家们太醉心于元疆界和元—元疆界的成功，完全忘了最初的划分疆界本质上只是权宜之计。元疆界和元—元疆界如此有效，具有政治和技术的力量，以至于经典物理学家们对最初的疆界划分可能蕴涵的错误毫无察觉。换言之，他们研究出一整套适用于分立的事物的法则，结果却发现分立事物并不存在。

新一代的量子物理学家被迫承认原始疆界的权宜本质，原因很简单，就是因为他们的确找不到真正的疆界。疆界并不是实体的产物，不是让所有人去感觉、触摸、度量的东西，而是我们绘制、编辑实体的方式的产物。物理学家埃丁堡说：“我们已经发现，在科学进步最大的地方，人类心智只是从自然中重新取回它原先赋予自然的东西。在未知世界的陌生沙滩上，我们发现了一个奇怪的足迹。为了解释它的由来，我们构建了一个又一个繁杂的理论，终于成功地复制了留下这个足迹的动物。嗨！原来是我们自己的脚印！”

这并不是说现实世界仅仅是我们想象力的产物（那是主观唯心主义），而只是说我们的疆界才是这样。所以维特根斯坦说：“整个现代世界观有一个基本的错觉，这种错觉认为所谓的自然规律都是自然现象的解释。”其实，这些自然规律并没有描述现实，它们描述的只是我们对现实的界定。正如维特根斯坦所说：“诸如因果律等法则只涉及了‘疆界’的关联，而并未触及这种关联本身所要表述的对象。”

简言之，量子物理学家揭示的是，实在再也不能被看做是由截然分离的事物和疆界组合而成的。相反，原本认为割裂的“事物”，其实竟是彼此交融的。由于某种奇怪的缘由，宇宙中的每一事物和事件似乎都与宇宙中其他任何事物和事件相联系。整个世界，整个现实的领域，看起来不再像一堆台球，更像是单一的、巨大的、无所不在的场，即怀特海所谓的“无缝的宇宙天衣”。这些物理学家似乎抓住了对现实世界的一瞥。那正是无界之域，是亚当划下致命疆界之前所看到的世界，是本来面目的世界，而不是被分类、界定、绘制、再绘制的世界。德日进（Teilhard de Chardin）这样描述“天衣”：

> 查其实质，宇宙的构成物的确是无法分解的。正如一个巨型原子，其整体是真实、不可分割的……我们越是凭借强大方法去深入洞察它，我们就越困惑于其内部的相互依赖性……我们根本不可能从这样的网络中单独切分出某一部分来。如果勉强为之，整个网络则会分崩离析。

十分有趣的是，现代物理学关于世界类似一个大原子的观念，粗略地看上去和佛教的法界（Dharmadhatu）或者实相很近似（当然现代物理学刚刚触及实相的皮毛）。法界的基本原理就是“事事无碍”[①]（shih shih wu ai）。“shih”的意思是“事物”（thing）、“事件”（event）、“实体”（entity）、“现象”（phenomenon）、“客体”（object）、“过程”（process）。“wu”的意思是“没有”。“ai”的意思是“阻碍”（obstruction）、“疆界”（boundary）、“分离”（separation）、“障碍”（block）。也就是说，宇宙万物原来就是没有疆界的，世界上的每一个实体都和其他的实体相互交融。

正如噶玛张澄基教授[②]的解释：

> 在无边无际的法界中，每一种事物同时也包含了其他事物，完

① 据《佛学大词典》：“事事无碍”谓现象界事事物物之关联至为密切而交融无碍，具有一多相即、大小相融之殊妙义。乃华严宗显示现象即本体之用语。此外，华严宗初祖杜顺所立“三重观门”之第三重“周遍含容观”，即相当于事事无碍法界，乃谓：观事事物物悉大小相融，一多相即，遍摄无碍，交参自在。——译者注

② 张澄基，1920—1988，居士，原籍湖北安陆县。15 岁学佛，16 岁在江西庐山闭关，17 岁起研习藏传密教，历时 8 年。1948 年由印度赴美国定居，先后在美国纽约、宾州等地大学任教。——译者注

满无缺。所以，当你看见了一种事物，你就看见了一切。反之亦然。也就是说一个原子的小宇宙中的一个基本粒子实际上包含了过去未来无量世界的一切事物和原理，丝毫没有缺漏。

大乘佛教（Mahayana Buddhism）把宇宙看成互相辉映的宝石。每一颗宝石都映照着其他所有的宝石。所有的宝石也都映照在一颗宝石上。这也就是佛教所说的“一即一切，一切即一”。这听起来有一些神秘玄奥，但是如果你听了现代物理学家的解释，就不会这样感觉了：“每一个粒子都包含了其他所有粒子，而其他每一个粒子，也同时同样包含了另外其他所有的粒子。”

物理学家 F. 卡普拉①（Fritjof Capra）认为：“现代物理学的两个基本理论反映了东方世界观的主要特点。量子理论推翻了把一切看成独立个体的观念，用参与取代了旁观的心态。它已经逐渐看出了宇宙是一个互相连接的关系网，其组成部分只能够根据它们与整体的连接来界定。”现在已经有许多科学家赞同他的观点。实际上现代物理学与东方哲学的类似之处本质上就是两者都不把实在视为疆界和孤立的事物，而是视为由不可分隔的结构、一个巨大的原子、没有疆界的无缝天衣构成的无分别之网。

在西方科学遭受挫折之前，东方人早就有先见之明，他们从来就没有认真看待过那些疆界。疆界并没有进入他们的头脑，以至于他们的理智并没有和自然分离。对于东方人来说，他们只有一个一个的途径，那就是“道”（Tao）、“法”（Dharma），它指出了人造地图的分割疆界下的整体。东方人把现实看成是非二元的，疆界只是人类的错觉。他们很难错误地把地图看成实际的疆域，混淆疆界和现实，混淆象征与现状、名称与实体。打开任何一本佛教正经——这些经典多数都是几百年前写成的——我们往往会看到这种说法：“凡所有相，皆是分别心对种种感觉的造作，表现为色、声、香、味、触。概念就是从这些感觉中来的，如土、水、罐等。根据这些观念，人们说‘这是

---

① F. 卡普拉，美国高能物理学家，著有《物理学之道》。——译者注

某某东西，不是别的东西'——这也就是名。当各种相之间相互对照时，名字也就会不同，我们会说，这是大象，那是马、车、行人、男人、女人，或者说这是心和心所有法。事物因此被命名和区分。当意识到这些区分（也就是疆界）没有自我的时候，也就见到实相了。因此觉悟的人不会把相状和名字当做真实。当相状和名字都不复存在时，分别也不复存在，此刻所显现的就是宇宙实相，因为对宇宙实相没有办法进行命名，只好称之为'如'实。这种普遍的、无分别的'真如'就是唯一的真实。"（《楞伽经》）

从另一个角度看来，这就是佛教关于"空"的深刻教义，它认为实相无想无物（void of thoughts and void of things）。正如我们的物理学家所发现的那样，物之所以为空，是因为物不过是抽象的经验边界。思想之所以为空，是因为我们的所思所想不过是运用符号的描摹，是在实在之上强加疆界的过程。看见一个"东西"也就是想到一个东西，想也就是在心中描绘东西——"想"和"东西化"（thinging）只是我们加给实在的疆界的不同名称而已。

因此，当佛家说"色即是空"（reality is void）时，其含义指的是疆界的虚无，并不是说一切实体完全消失，只留下纯粹虚无的真空，空空如也，或者一种无差别的混沌状态。关于"空"，铃木大拙（D. T. Suzuki）[①] 曾经说："空并没有否定世界的多样性，那边的山，樱桃花盛开，秋月分外明亮；但同时，它们又不仅是分别的个体，其中还有一层深意足以动人。我们可以通过它们与其对立面的联系来理解它们。"

关键在于，当我们悟到世界没有疆界时，任何事物和事件，与所有对立面一样，就会被看到其实是相互依赖、交织融会的。正如快乐离不开痛苦，好离不开坏，生离不开死，故万物都"不离其所非"。

大多数人要领会这一点并不容易，因为我们总是在亚当原罪的阴影之下，我们坚持疆界观念就像我们抓住自己的生命，不愿意放手。然而，洞察现实没有疆界其实非常简单。正是由于简单，反而使我们难以

① 铃木大拙，1870—1965，日本著名禅学大师。——译者注

理解。例如，就我们的视野来说，放眼四周你能看到单一的事物、孤立的事物、分散的事物吗？看到了一棵大树？一排海浪？一只小鸟？还是看到了一个图案与纹理交错、五颜六色的世界？大树与天空、小草、土地，波浪与细沙、岩石、天空和白云……

甚至在此刻，你正看这本书，看着印刷的行行文字，如果你细心地注意到整个视野，你会发现你的眼睛在某一刹那并不只注意到一个单词。你的眼睛扫见（虽然并不进行实际的阅读）了这一页里的全部字词，还看到周围的一些背景，可能是你的双手、前臂、你的台灯、你的书桌、房间的一角等等。

所以，在你的直接而具体的意识中，不存在孤立的事物，也没有疆界。实际上，你永远看不到一个单一的实体，你看到的肯定是丰富多彩的、万物交融的天地。这就是你所直面的实在的本质，浑然而没有疆界。

但是，你可以在你的直接意识领域上，凭心智来虚设疆界。你可以跳过该领域的其余部分，只将注意力集中于仅仅一小块重要的范围，例如“一棵”大树，“一排”海浪，“一只”小鸟，然后有意地忽略其他领域而只关注这个特殊的对象。也就是说，你可以专注，将疆界引入意识领域。你可以只注意这些字词而有意忽略意识领域里的其他东西。

这种专注是非常有用而且必不可少的，但也容易适得其反。在某一个时刻你全神贯注只留意“一个孤立的事物”，这样会倾向于使实在本身看起来是由一系列“孤立的事物”组成的。其实，所有这些孤立的事物只不过是你在意识领域中添加疆界而产生的副产品而已。如果你手中唯一的工具是钉锤，那么任何事物看起来都像是钉子。但事实上，你永远无法真实地看到疆界，你只是把它们构造出来。你并不能感知孤立的事物，是你自己发明了它们。而一旦这些自作聪明的东西被误作现实，问题就随之而来了，因为这样一来现实世界看起来不免支离破碎，成为脱节的事件，原先的隔离状态侵蚀了觉知本身。

因此，当物理学家或是东方哲人说到万物皆空，或者万物不二，或者万物都相互融会的时候，他并不是在否认差别、忽略个性，也不是把这个世界看做一团混沌。世界充满了各种特征、界面、线索，但是它们交织融汇进了一个天衣无缝的场。如果以小见大，可举此例：人的双手与头部迥异，也与耳朵毫无相似之处，但我们可以毫不费劲地识别出它们都是身体的一部分。同样，整个身体以它的各个部分来呈现其本身。一即一切，一切即一。同理，在没有疆界的版图里，所有的事与物都属于一个大整体，说它是“佛身”（Dharmakaya）也好，基督的神秘圣体（mystical body of Christ）也好，婆罗门的全宇宙（the universal field of Brahman），或者有机形态的道（the organic pattern of the Tao）也好。物理学家们都会告诉你宇宙的所有对象都只不过是唯一能量的各种形式——无论我们是否把能量叫做“婆罗门”、“道”、“上帝”，还是就简单明了称为“能量”，在我看来都是差不多的。

我们在前两章里已经看到——至少根据现代科学的最新发展以及古老的东方智慧——现实是没有疆界的。任何可想象的疆界类型只是从宇宙的无缝天衣中抽象出来的。因此，所有的疆界在无中生有造成隔离（以及最终冲突）这个意义上来说都纯属虚妄。对立物之间的疆界，就像万事万物间的疆界一样，寻根究底，仍是假象。

然而，在东方，没有疆界的实在从来不仅仅是在理论上或者在哲学上被关注。虽然刨根问底极其重要，但它从来都不是用来在黑板上演算、在实验室里验证的东西。确切地说，无疆界性存在于具体的日常生活中。由于人们总是去界定他们的生活、体验和现实，于是每条界线都变成了潜在的战线。在这种情况下，东方［以及深奥的西方传统（esoteric western）］解放道路的唯一目标就是通过打破疆界，从而将人们从繁复的冲突中解放出来。他们并不准备直接解决人类的这些战争等问题，因为这就如同以血洗血一样不可能。相反，他们只是阐明引发这些战争的疆界的虚妄本质。战争不是被解决的，而是被消解的。

揭示没有疆界这个事实，就是揭示所有的冲突和战争皆是虚妄。对此的最终的领悟就称做涅槃、解脱（moksha）、解救、自由、开悟、顿悟（satori）——从关系的纠缠中脱身，从迷惑人的孤立现象中脱身，从假想的疆界中脱身。基于这个理解，我们将要考察这种无疆界觉知，通常称为“一体意识”。

第四章　没有疆界的觉知

一体意识就是关于没有疆界的真实领域的纯粹的觉知（awareness）。要解释一体意识，不需要费尽周章，不需要拗口说行话，也不必故弄玄虚。如果实在就是没有疆界的状态——否定这一点就意味着我们将不得不背弃相对论、生态科学、无疆界哲学——那么一体意识正是承认这一实在的、觉知的自然状态。简而言之，一体意识，也就是无疆界的觉知。

尽管听起来十分简单，但要充分、深入地讨论无疆界觉知或者一体意识，还是极其困难的。这是因为我们所使用的语言——所有的文字讨论所必需的媒介——就是一种疆界式的语言。正如我们所看到的那样，词语和符号本身不是别的，就是疆界。不管你是在思考，还是在讲话或者指称，你已经制造了疆界。即使我们在说“实在就是没有疆界的觉知”的时候，我们已经在有疆界和无疆界之间划了一道分界线！因此，我们必须记住二元性语言所造成的困难。“实在是没有疆界的”，这千真万确，但我们需记住的是，无疆界的觉知是一种直接的、当下的、非文字的觉知，绝不仅仅是一种纯粹的哲学理论。正是基于以上原因，那些重神秘体验的圣者（mystic-sages）强调实在超脱于名称和形式、词语和思维、分类和疆界。凌驾于所有的疆界之上的，是真如法界（the real world of Suchness）、空、法身①、道、婆罗门、神性等。在真如世界里，无好亦无坏，无圣贤亦无罪人，无生亦无灭，因为在真如世界里是

---

① 据《有道桌面词典》，Dharmakaya，梵语 dharma-kaˆya，巴利语 dhamma-kaˆya。指佛所说之正法、佛所得之无漏法及佛之自性真如如来藏。二身之一，三身之一。又作法佛、理佛、法身佛、自性身、法性身、如如佛、实佛、第一身。据大乘大义章卷上、佛地经论卷七等载，小乘诸部对佛所说之教法及其所诠之菩提分法、佛所得之无漏功德法等，皆称为法身。大乘则除此之外，别以佛之自性真如净法界，称为法身，谓法身即无漏无为、无生无灭。——译者注

没有疆界的。

特别需要强调的是，在主体与客体、自我与非我、观察者与被观察物之间是没有疆界的。我之所以强调这一点，并将在本章中不断论及，是因为在人类划分的所有疆界中，自我与非我之间的疆界是最根本的。这一疆界是我们最不愿意放弃的疆界，是我们最初面对的疆界，也是我们最在乎的疆界。我们投入多年的时间不断地去修缮它、保护它，使之固若金汤。正是这个疆界建立起了我们作为独立个体的自我意识。在我们年岁增长、充满往事记忆，直到步入最后死亡的过程中，它成了我们要最后放弃的疆界。自我与非我之间的疆界是我们最初划分的疆界，也是我们最后去除掉的疆界。在我们建立的所有疆界中，它是最本原的。

自我与非我之间的本原的疆界是如此根本，以至于所有其他的疆界都依赖于它。除非我们能够把自己从其他事物中区分出来，否则我们就很难区分事物之间的疆界。所有你创立的疆界都依赖于你分裂的存在，即依赖于你本原的自我与非我之间的疆界。

毫无疑问，任何疆界都是妨碍我们达到一体意识的绊脚石。不过，既然所有其他疆界都依赖于这个原界（primary boundary），那么看破它就等于看透了一切。值得庆幸的是，如果我们不得不逐个地分别研究所有的疆界，非得穷尽一生，甚至历时几世才可能将其消解殆尽，才能达到“摆脱了对立的解放”。但如果着眼于原界，问题就大大简化了。这就好比各种各样的疆界构成了一个“倒金字塔”，塔尖正是原界。一旦抽掉倒金字塔最下面的那块石，整个塔身怎么会不应声而倒呢？

我们可以从多个角度、在各种名义之下来考察这个原界。它是横亘于我称之为“自我”和“非我”之间的疆界，也就是此在之我和彼在之物之间的不可逾越的分隔；它是横亘于认识的主体与被认识的客体之间的裂缝；它是横亘于我的生命机体与外在环境之间的间距；它是横亘于阅读的“我”和被阅读的书页之间的沟壑。总而言之，原界就是体验者与被体验的世界之间的隔阂和距离。从而，在原界“之内”含有自我、主体、思考者、感觉者和观察者；在原界“之外”则是非我、彼在的客体世界、外在环境，它们与我无关而且独立于我。

在一体意识和无疆界觉知中，自我感觉（the sense of self）才能够完全扩展开，将曾经被认为非我的一切包含进来。人们的认同转到整个宇宙、全部世界，无高下之分，无显隐之分，无尊卑之分。很明显，如果把原界当真，也就是把自我和宇宙分开的话，这种一体意识就不可能出现了。但是一旦认识到原界是幻觉，一个人的自我感觉就会包含万事万物——然后“我”外就“无物”了，根本没有地方去划什么疆界。因此，如果我们能够开始看透原界的话，那我们离一体意识也就不远了。

读到这里，读者很可能轻易得出一个错误结论：达到一体意识就不得不消除原界。理论上是这样，但实际情形比这还要简单。其实我们无须费尽周折企图消除原界，原因异常简单：原界原本就不存在。

和所有疆界一样，原界也只是一种假象。它看上去是存在的，其实是虚无。我们假定有原界、设想有原界，行动言语之间仿佛它真的存在。可是，它的确是不存在的。如果我们刻意去找寻原界，就会发现没有任何蛛丝马迹，正是“鬼本无影”。此时此刻，也就是你正在读书的这个时刻，根本不存在什么真实的原界；此时此刻，通往一体意识的道路是畅通无阻的。

因此，我们不必去寻找原界，然后试图把它消除。事实上，消除原界的企图错得离谱，至少全是枉费时间和精力，因为消除本来不存在的东西根本就是无稽之谈。试图消除原界就如同置身于海市蜃楼，挥舞手臂想把它驱散——尽管激情澎湃，但却徒劳无功。谁也不能抹去假象。你能做的仅仅是去理解和看透假象本身。这样看来，即便通过瑜伽、冥想、祈祷、圣礼、圣歌、禁食等复杂的方法试图去消除原界——所有这些方法都是先假设了原界为真，然后再强化了它们原先要摧毁的这种幻觉，使之变为永恒。康布雷（Cambrai）的红衣主教费内伦（Fenelon）一语中的：“最危险的错觉，就是那些人类企图借助的来消除错觉的幻象。”

我们没有必要先假设原界为真，然后试图循序渐进地把它消除（eliminate），相反，我们应该首先去找寻原界本身。如果原界的确是假象，它必然踪迹难觅。那么自然就可以理解，我们所以为的通向一体意识的障碍其实根本不存在。所以，正如我们将看到的那样，洞察本身就已经是无疆界觉知的闪现。

那么，找寻原界究竟意味着什么呢？找寻原界就是非常仔细地去寻找作为一个独立的个体的感觉，找寻脱离了体验的独立体验者，脱离了感觉的独立的感觉者。可是，我正要提醒的就是，如果仔细去找寻这个"自我"，我们不会找到它。既然这一作为孤立自我的感觉似乎是一体意识的主要障碍，那么，寻觅它却什么都见不到，这就是窥见了一体意识本身。佛家的莲花生大师（Padma Sambhava）[①] 说得好："当寻觅时，如果寻觅者自身没能找到，那么寻觅的目的就已达到，寻觅过程也就结束。"

在开始这样的试验以前，我们必须清楚"自我缺席"（absence of self）或"原界缺席"（absence of primary boundary）的意义。"自我缺席"并不意味着丧失所有感情，它不是对刺激没有反应的昏迷状态，也不是紊乱、骚动或失控行为。它不是指心智与肉体爆炸成蒸气并逐渐消散到不知什么地方的莫名之物里面。它与精神分裂没有关系，精神分裂没有超越自我/非我之间的疆界，反而将其混淆了。

相反，我们所说的"自我丢失"（loss of self）指的是：作为分离的自我的感觉是一种被误解和歪曲的感觉，正是这种误解的消除对我们很重要。我们都有这种核心的感觉：作为孤立的自我从我们的经验之流中分裂出来，从我们周围的世界中分离出来。（正是这种误解的消散使我们烦心。我们都有这种核心的感觉：从我们的经验中、从我们的周围世界中分裂出来孤立的自我。）我们一边感觉到"自我"，另一边则感觉到外面的世界。但是如果细细体会"此在的自我"与"彼在的世界"的感觉，你会发现这两种感觉无非是同一种感觉。也就是说，我感受到的外面的客观世界正是我感受到的里面的主观自我。体验者与体验世界之间的鸿沟并不存在，所以也不能被找到。

我们一直如此习惯于相信疆界的存在，初听之下会觉得以上说法非

---

① 莲花生大师，据传为藏传佛教创始人，被称为"第二佛"。——译者注

常奇怪。我是听声音的倾听者，我是感觉情感的感觉者，我是注视景物的注视者，这些事情看起来是太显而易见了。但是，从另一个角度来看，如果我把自己描述成一个注视所注视的事物的注视者，或者一个倾听所听的声音的倾听者，是不是很奇怪呢？知觉果真如此是错综复杂的吗？知觉真的包括了注视者、注视过程、注视对象这三个各自独立的实体吗？

可以肯定，其实并没有这样三个各自独立的实体。试想一下，真的存在没有注视过程或者注视对象的注视者吗？真的存在缺少注视者或者注视对象的注视过程吗？事实上，注视者、注视过程和注视对象是一个过程的三个方面。它们三者同时存在，任何一方都不可能脱离其他两者而单独存在。

现在的问题是针对“注视”这样一个简单的行为的体验，有了三个词语：“注视者”、“注视”、“注视对象”。如果我这样叙述一条水流：“流着溪水的溪流。”你一定觉得拖沓冗余，该描述包含了实际上只是一体的三个因素。然而，我们为亚当的词语的魅力所蛊惑，我们假设一定有一个独立的实体——注视者，通过经历某个叫做“注视”的过程，来获取所谓“注视对象”的知识。实际上，我们本能地假设自己是完全脱离于“注视对象”的注视者。于是，这个本是浑然一体的世界，却被从中割裂而一分为二——“此在之我”，越过横亘的沟壑，面对“彼在之物”。

现在让我们回到体验过程的初始，看看体验者与被体验者是不是完全不同。先从“听”开始。让我们闭上眼睛，关注听的实际过程。你会听到啾啾的鸟鸣声、隆隆的汽车声、蟋蟀的唧吱声、孩子的嬉笑声、电视的嘈杂声，去听稀奇古怪的声音不绝于耳。但是，不管你如何竖起双耳、有一样东西你是绝对听不到的，这就是倾听者。尽管声音源源不断，可是你听不到这些声音的倾听者。

你无法听到倾听者，因为他根本就不存在。你所谓的“倾听者”，其实正是倾听的体验本身。在现实世界中，只有川流不息的声音，并没有主体和客体之分，并没有疆界的存在。

如果你试图将脑海深处作为“倾听者”的感觉融入倾听本身，你就会发现“自己”融入了整个“外来之音”的天地。正如一位禅宗大师在描述自己悟道经验时所说：“当我听到寺庙的钟声时，刹那间，天地之中无钟亦无我，只有钟声在回荡。”据说，观世音菩萨（Avalokitesvara）就是在这样的尝试中得到启发的。当他专注于倾听过程的时候，他认识到并没有与整个倾听过程相分离的自我以及倾听者。当你试图去倾听主观的倾听者时，你所发现的只是客观的声音。这意味着你不是在倾听声音，你自己就是这些声音。倾听者就是听到的种种声音。他不是退居一旁、倾听声音的孤立实体。

同样的道理也适合于看的过程。我凝视着眼前的景象，它好像浮于半空，无所凭依。光线、颜色、阴影等交织成丰富的图案——此处高山耸立，远处小桥流水，天上白云飘飘。尽管我穷尽视野、一览万物，但有一样东西我怎么看也看不到——我看不到这些景象的注视者。

我越是试着努力去看到注视者，就越是因为它的虚无而感到困惑。我数年来一直极其自然地假设我是见我所见的注视者。但是，一旦我去找寻注视者，就发现它实际上了无踪迹。事实上，如果我坚持去找寻观察者，我所找到的一切东西都只是我所见之物。这一点仅仅简单地意味着，我，即“注视者”，并没有见我所见——或者说，我，这个“注视者”，和眼前的所有景致相同。所谓的注视者其实无异于所见之物。如果我看到一棵树，世上其实没有这样的两种体验并存，即一种是“树”、另一种则是“正在看树”。只有一种简单地看树的体验。我不会看到“看”这个动作，就像不会闻到闻，也不会尝到尝。

看起来，无论何时我们去找寻一个脱离体验的自我，它都会消失（vanish）成为体验。当我们找寻体验者时，我们仅仅发现另一个体验——主体与客体总是呈现为一体。因为这个体验会使人困惑不堪，就在你冥思苦想之际，也许你已有些迷惑了。但是，再向前迈一小步，在你绞尽脑汁思考的此时，你还能发现一个正在冥思苦想的思考者吗？

或者说，存在一个思索着“我迷惑了”的思考者吗？或者只有思想本身，“我迷惑了”？当然只有当下的思想，因为如果也存在思想的思考者的话，那么你能想象正在思考着思想的思考者吗？看来很明显，我们误认为的思考者实际上只是当下思想的流，而不是其他。

因此，当目前的思想是“我很迷惑”时，你并没有在同时觉知到一个正在思考“我很迷惑”的思考者，只有当下的思想——“我很迷惑”。当你接着去找寻那个思想的思考者时，你能找到的却是另一种当下的思想，称为“我在想我很迷惑”。你永远也不能发现一个脱离了当下的思想的思考者，它只是表明这两者本是同一的（identical）。

正因为如此，先贤们建议我们不要试图去消除“自我”，而只需简单地找寻它，因为无论何时我们去找寻它，所能发现的只是它的居先的“缺席”。但即使我们开始理解到，并不存在一个孤立的倾听者、品尝者、观察者、思考者，我们仍然可能发现，在我们内心深处有一类不可简约的核心感，即作为一个分裂、孤独的自我的感觉。有一种独立于外面世界的感觉。有一种称为我的内在“自我”的本能的非理性的感觉。即使我无法看、无法尝、无法听到我的自我，我还是能够明显地感觉到我的自我。

好了，除了你现在称之为你的“自我”的感觉，你还能找到正在感觉这种感觉的感觉者吗？如果你能，那么你能感觉到这个正在感觉的感觉者吗？再者，作为一个正在感觉的感觉者的核心感觉只是另一种感觉。“感觉者”只是个当下的感觉，正如思考者正是当下的思维、品尝者正是当下的滋味一样。同样，没有孤立于目前感觉的感觉者——从来没有过。

结论已经很明显，没有脱离于世界的孤立的自我。你总是假设你是一个孤立的体验者，但实际上在你去找寻它的刹那，它就消失、转换为体验了。正如艾伦·沃茨所说，“只存在体验，却没有任何人或事在体验着体验！你并不能感觉感觉、思考思想，或者体会感情，就如同你不能听着听觉、看着视觉或嗅着嗅觉一样。‘我感觉良好’是指有一种很好的感觉呈现。它并不意味着存在一种叫做‘我’的东西以及另一种孤立的叫做感觉的东西，所以，它们组合在一起构成这个‘我’在感觉很好的感觉。除了目前的感觉再无别的感觉，不管呈现什么感觉都是‘我’。没有人曾经发现过脱离于当前体验的我，或者脱离于‘我’的体验——这两者实际上只是同一种东西。”

现在当你去领会在“你”与你的体验之间并没有什么隔阂时，有没有明显地发现“你”与被体验的世界之间也没有隔阂呢？是否你就是你的体验，你就是被体验的世界？你没有对一只小鸟的感觉，你就是对一只小鸟的感觉的本身；你没有对一张桌子的体验，你就是对那张桌子的感觉本身；你没有听到雷鸣，你就是雷鸣的声音。所谓的“你”的内在感觉和所谓外在的“世界”的感觉是同一种感觉。内在的主体和外在的客体只是同一种感觉的两个名称，这不是你将感觉到的某种东西，它们就是你唯一能感觉的东西。

这就意味着不管你有没有认识到，你当前的意识状态就是一体意识。你已经是宇宙本身，你已经是你的当前体验的全部。你的当下的状态总是一体意识，因为看来是一体意识的主要障碍的孤立的自我，其实一直只是个假象而已。你无须尝试去消除孤立的自我，因为首先它并不存在。你真正必须要做的只是去找寻它，然后你会一无所获。这个一无所获本身就是对一体意识的确认。换句话说，无论何时你去找寻“自我”却又没有获得它，你立刻就达到你的本来而真实的一体意识状态。

虽然这初听起来有些怪异，但对于神秘体验研究家和圣贤而言，没有孤立的自我却一直是显而易见的道理，而且这一点已成了“长青哲学”的一个核心思想。我们有很多引证可以说明这个道理，其中著名的一段佛经精妙之极：

> 有苦却无受者；
> 有业却无肇者，
> 有涅槃却无求者；
> 有大道却无行者。

这正是普遍的关于如何摆脱苦难的领悟。积极地来看，当意识到一个人的自我就是万事万物时，就再没有身外之物能造成痛苦了。没有什么宇宙外的东西可以引起冲突。消极地来看，这样就可以摆脱一切苦难所基于的事先设定的自我存在，因为世上本无可遭受苦难的自我。正如

“为无为”[①] 所说：

为什么你是不幸的？
因为你所思所行的99.9%
都是为了你自己
——而你自己，
其实等于虚空。

局部受难，而非整体。用神秘体验研究家的消极眼光来看，“当你意识到局部只是个幻象的时候，你就可以摆脱苦难了——因为本无分离的自我可受难”。用积极的眼光来看，“你永远是整体，一个只知自由、解放、光明的整体。意识到整体就可以摆脱局部的宿命，只有受难、苦痛、死亡的宿命”。小乘佛教注重前者，印度教和基督教强调后者，而大乘佛教似乎有点中庸。它们都是这个道理的见证。

当我们认识到没有局部存在时，就步入了整体。当我们认识到并无自我存在时（此时就在发生），就会发现我们真正的身份总是终极认同。在永存的无疆界觉知的光辉下，假想的孤立的自我变成了外在的整个宇宙的一部分。如果这应该是个什么的话，那就是你真正的自我。不管往哪里看去，四面八方你所看到的都是自己的本来面目。有一位禅宗大师这样解释他初次突然体会到宇宙没有疆界：

我回到大厅并打算坐到座位上，此时整个景象发生了改变，我上下左右四下打量，发现整个宇宙与它的各种各样的感觉对象和以前截然不同，它们先前伴随着无知与激情、面目可憎，现在看起来却只是我自己内心深处的本性流露：明亮、真实、透明。

印度教教徒有句名言：“tat tvam asi”，表面上的意思是“你就是那个”。你真正的自我与终极能量是一致的，宇宙的一切都是它的表现。

---

① Wei Wu Wei，本名特伦斯·格雷（Terence Gray），一位爱尔兰贵族和学者，他于晚年（20世纪80年代）游历喜马拉雅山地区，并用假名“为无为（Wei Wu Wei）”出版了几本重要著作，如《公开的秘密》、《死后的断章》等，极其精简有力地指向不二论哲学。——译者注

贯穿整个人类历史，各种神秘体验研究与形而上学的传统对真实的自我（简称真我）的命名可谓层出不穷、五花八门，包括圣子（Divine Son）、完人（al-insan al-Kamil）、神人—亚当（Adam-kadmon）、圣人（ruarch adonai）、心智（Nous）、精神（Pneuma）、大灵魂（Purusha），如来藏（Tathagatagarbha）、宇宙人（Universal Man）、我主（the Host）、婆罗门的大我（Brahman-Atman）、主人翁（IAMness）等。另换一个略微不同的角度来看，真实的自我实际上与法界（Dharmadhatu）、空、真如和神性是同义的。这些词无一例外都象征了没有疆界的真实世界。

现在谈及真我，常用的称呼都表明它是一个人的“内心最深处”，表明它是极度主观的、内心的、个人的、非客观的、隐蔽的、内在的。神秘体验主义者毫无异议地肯定：“天堂是内在的。”我们不断地探求灵魂的深处，直到我们揭示隐藏在我们内心最深处的所有存在的真我。正如印度教哲人斯瓦米·帕拉哈瓦南达①所问：“你认为绝对的、基本的、根本的内心深处的你，是谁？是什么呢？”

人们通常认为，真我（real self）指的是诸如“内心的观察者”、“绝对的观者与认识者”、某人“内心最深处的本性”、“绝对的主体”之类的东西。吠檀多（古代印度哲学中一直发展至今的唯心主义论）印度教大师商羯罗②说：“有一个自我存在的实体，它是我们的私我意识的基础。这个实体是意识的三个状态（清醒、梦、睡眠）的观察者，不同于五层肉身。这个实体是处在所有意识状态中的认识者。它是对心智存在与缺失的觉知。它是阿特曼（Atman），是终极存在（Supreme Being），是亘古常在者（the ancient）。”或者我们引用禅宗大师释白马（Shibyama）的一段精彩论述：

> 它（实体）是“绝对的主体”，超越了主体和客体，而且能自由地创建和使用它们。它是“根本的主体”，它永远不能被对象化或概念化，并且完全是自在的，本身即具有完全的存在意义。用这些名

---

① Swami Prabhavananda，1893 年 12 月 26 日出生在印度。1914 年，毕业于加尔各答大学的他加入了罗摩克里希那修道会，这是由罗摩克里希那的直传弟子创建的。——译者注

② Shankara（789？—821？），印度哲学家。——译者注

字去称呼它已经是一个错误，这是使它对象化和概念化的一步。

明庵荣西大师（Eisai）[①] 因此评论说：“它在任何时候都是不可命名的。”

> 绝对的主体永远都不会被对象化、概念化，它不受时空限制；它不是有生有死的主体；它存在于个体但不受个体约束，它超越了主体与客体。

真我是真正的观者、内心观察者，是每个人内心的绝对主体，这种说法好像与我们先前一再提及的一体意识相矛盾。因为，我们一方面已经看到真我是一种永恒的、没有疆界的觉知。在这里，主体与客体、观察者与被观察者、体验者与被体验者形成了一个不可分割的统一体。另一方面，我们又将真我描述为一个内心的观察者、终极的认识者。我们说它是观察者而不是被观察者，它是内在而不是外在。我们怎么解释这表面的矛盾呢？

首先我们必须承认重神秘体验者在尝试描述难以形容的关于一体意识的体验时所面对的困难。其中最重要的就是，真我即无疆界觉知，所有的语词与思想都不过是疆界而已。之所以这样，并不是因为某种语言有什么缺陷，而是由于语言的固有结构。语言的功用仅限于能够构成惯用的疆界。无疆界的语言根本不是语言，因此重神秘体验者尝试从形式上、逻辑上讨论一体意识，注定会听起来非常荒谬或矛盾。任何语言的结构都绝不能把握一体意识的本质，就像用一把叉子叉不起整个海洋。

因此重神秘体验者必须满足于提出一个方法，凭借它我们都可以体验到一体意识。在这个意义上，重神秘体验者的路线纯粹是实验性的。他告诉你不要盲目信仰、迷信权威，而是信任你自己的理解与体验。他要你只需尝试觉知的几个实验，仔细观察你存在的当下。然后，尽可能清楚地观看你的自我和你的世界。正如维特根斯坦所提倡的那样，不要想，只需看！

---

① 荣西，1141—1215，日本临济宗开祖。备中（冈山县）吉备津人，俗姓贺阳。字明庵（世又称明庵荣西）。引自《佛学大词典》——译者注

但是，看何处呢？这正是重神秘体验者要广泛倡导的："看内心——内心深处。因为真我在内心深处。"现在他不再把真我描述为内在于你的东西，他直指你的内心。他的确是在说向内看，不是因为最终的答案确实在你的内心而不在心外，而是因为当你专注地审视你的内心时，你迟早也会了解心外的。换句话说，你认识到内与外、主体与客体、观察者与观察是同一种东西，于是你自动地进入你的自然状态了。因此，重神秘体验者一开始说到真我时似乎与我们前面所涉及的任何东西都相矛盾。然而，如果我们跟随他一直走到最后，就会发现结论是一致的。

首先让我们来思考"绝对主体"或者"内心的观察者"的可能的含义，至少探讨重神秘体验者在何种意义上来运用这个词。无论何时何种情况，绝对主观都不会是一个可见、可听、可知、可感觉的具体客体。绝对的观察者永远无法被认识。绝对的认识者，也永远无法被认识。正如老子所言：

> 视之不见，名曰夷；
> 听之不闻，名曰希；
> 搏之不得，名曰微。
> 此三者不可至诘，故混而为一。①

① 这是老子《道德经》的第十四章。该章的全文是："视之不见，名曰夷；听之不闻，名曰希；搏之不得，名曰微。此三者不可至诘，故混而为一。其上不徼，其下不昧，绳绳兮不可名，复归于无物。是谓无状之状，无物之象，是谓恍惚。迎之不见其首，随之不见其后。"昱慧禅师解释：什么叫做"希"呢？大音稀声，近乎于无，无声叫做"希"。什么叫"微"呢？细小之极，没有具象，无形叫做"微"。无痕而看不到它，无声也听不到它，无形更抓不到它。接下来，老子说："其上不徼，其下不昧，绳绳兮不可名，复归于无物。""徼"在这里有明亮的意思，"昧"在这里是幽暗的意思。一般自然界的物质有一个共性，往往是上明而下暗。但是"道"这个"东西"不是这样，上面也不明，下面也不暗，和一般的物质是不一样的。老子说，若要准确而具体地描述它，实在是不可名状，所以我把它归于无物可以比拟的状态，用禅宗的话讲，就叫做"说似一物即不中"。接下来，老子又说："是谓无状之状，无物之象，是谓恍惚。"这就叫做没有固定形状可以描述的状态，没有具体物质可以比拟的形象，这是什么呢？这叫做"恍惚"。"恍惚"又是个什么状态呢？就是变化而不确定、模糊而无具象的状态。这个状态也不是一般人能够体会到的，我估计，等你精神恍惚的时候也许就知道了。"迎之不见其首，随之不见其后。"是说，我们迎着它看不见它的头，我们跟着它抓不到它的尾，这比龙的形象还要玄妙，龙是"神龙见首不见尾"。"道"连"首"都看不到，脑袋都看不到，这样的形态，在我们人类现有的认识水平上看，究竟是什么呢？确实很难说。——译者注

为了接近真我或者绝对的主体性，大多数重神秘体验者坚持拉玛那·马哈希上师（Sri Ramana Maharshi）的说法："我不是七种体液构成的肉体，也不是五官眼耳口鼻舌，甚至也不是进行思考的头脑。"

那么，真我是什么呢？拉玛那·马哈希上师指出，真我不是我们的肉体，因为肉体可以被感觉和知晓，能够被感知的就不是绝对的认知者；真我也不是我们的心愿、希望、恐惧以及情绪，它们在一定程度上都可被看见和感觉，能够被看见的就不是绝对的观者；它也不是我们的心智、个性、思维，因为这些都可以被观察，能被观察的就不是绝对的观察者。

这样坚持不懈地在内心找寻真我，但实际上，我已经开始认识到根本无法找到它。我通常把我自己看成一个注视着所有外在客体的"小主体"。但重神秘体验者清楚地揭示了这个"小主体"事实上能被看成一个客体！它根本就不是一个真正的主体，不是我真正的自我。

重神秘体验者认为，这正是我们的生命与生活的主要问题。大多数人想象着我们能够感觉自己，能够了解自己，或者认识自己，或者至少在某种程度上觉知到自己。甚至到现在我们还是这样。但重神秘体验者认为，我能够看、了解，或者感觉"自我"的时候，其实正表明这个"自我"根本不可能是真我。它是虚假的、冒充的，是一种幻象、一种愚弄。我们无意中定位在了一个所有我们知道和能知道的客体的联合体。因此，这个可知的客体的联合体不可能是真正的认识者或者真我。我们把自己等同于自己的肉体、心智和个性，想象这些客体构成了我们的真实的"自我"。这个让我们穷尽一生都在防卫、保护和延长的东西只是一种幻象。

我们是错误认同这种流行病的受害者，而我们的终极认同在平静而自信地等待探索。重神秘体验者想唤醒我们的只是：在虚假自我的下面，真实、永恒的我们究竟是谁、是什么？所以，他要求我们不要再认同虚假的自我。他要我们明白，无论我对自己能够了解、思考或感觉到什么，所有这些都无法构成真正的自我。

我的心智、身体、思想、欲望，它们并不比树木、星星、云朵、山脉更接近真我，因为我能够把它们都作为客体来观察。以这种方式进行下去，对我的大我（Self）来说，我变得透明起来。我认识到，在某种程度上，越是深入，我就越能够超越这孤立的以皮肤为界限的机体。我越深入我自己，就越能超越我自己。

在这一探究进行的过程中，意识中一个有趣的现象发生了，《楞伽经》（*Lankavatara Sutra*）称之为“在意识的最深处的转念”。我越是去寻找绝对的观察者，就越是意识到我不能够发现它是一个客体。原因很简单，因为它可以是任何客体，所以我不能够发现它是一个特殊的客体！因为它是可以被感觉到的任何东西，所以我不能够感觉它。因为它是可以被体验到的任何东西，所以我无从体验它。可以确定，因为我看到的任何东西都是观者，我能看到的任何东西都不是观者。当我去深入发现真我的时候，我发现的只是这个世界。

令人吃惊的事情还在继续发生，我意识到内在的真我实际上就是外在的真实的世界，反之亦然。主体与客体、内在与外在，从来都是同一的，没有所谓的原界。世界就是我的身体，我从内往外看，结果看到的正是这个世界。

因为真我既非内在又非外在，因为主体与客体其实是一体，所以重神秘体验者能以许多不同的方式讨论实在，虽然表面上有所矛盾。他会说在现实中没有客体，又会说在现实中没有主体，或者把主体与客体两者的存在全都否认，或者说绝对的主体性超越相对的主体和客体，又同时包容了它们。说法各异，其实殊途同归，都表示了内在世界与外在世界正是同一的、永存的无疆界觉知的两个不同的名字。

尽管有关长青哲学的理论表述得很复杂，但神秘预言的本质却是直接、简洁和朴素的，这一点现在可能已清楚了。回溯本书的第二章，我们看到实在是一个对立面的联合体，是“不二的”。既然是符号化的地图和疆界把对立面分割成了互相冲突的对立方，那么，说实在是非二元的，也就是说实在没有疆界。

在本书的第三章，我们看到真实世界并不是种种在时空上相互孤立和独立的事物的集合体。宇宙中的任何事物都相互联系、相互关联。于是，又一次，因为正是符号化了的地图和疆界向我们呈现了独立实体的幻象，所以，说真实的世界没有孤立的事物，就等于说现实世界没有疆界。

在这一章里，我们已经看到，对无疆界的真实世界的发现就是一体意识。我并不是说在一体意识里你看到了没有疆界的真正版图，更确切的说法是，一体意识就是没有疆界的真正版图。总之，实在就是无疆界觉知——那也正是人的真我。正如量子力学的奠基者之一欧文·薛定谔所说："于是，你可以平躺在地上，在大地母亲的怀里尽情舒展四肢，深信你与她在一起或者她与你在一起。你岿然不动，和她一样坚不可摧，实际上比她还稳固还要坚不可摧一千倍。是的，明天她将吞没（engulf）你，同样，她也将带给你新的苦难与奋斗。这不是指将来的'某天'，而是指现在、今天、每天，她都不厌其烦地展示，不是一次而是无数次，正如每天她都要吞没你千百遍。永远都只有现在，同样的一个现在。当下就是没有终结的唯一事情。"

第五章　没有疆界的时刻

“据我看来，需要弄懂这些经文是在怎样的意义上谈时间与永恒的。”圣·狄奥尼修斯（St. Dionysius）在这句话里确切地找出了神秘体验论所洞察的整个核心所在，因为所有时代和地域的开明圣贤们都赞同：一体意识不是暂时的（temporal），它不属于时间，它是终极的、永恒的。它无生无灭、无始无终。因此，除非彻底把握永恒的本质，否则对实在的感知将离我们而去。

圣·奥古斯丁问道：“谁能够如此掌控人心，使其在宁静中感悟到永恒那既无过去也无将来的万古不变的本质，同时却又能洞悉过去和未来的事情？”到底是谁呢？如果永恒确实存在，那么理解它似乎极为沉重和艰深，如天方夜谭一样不可能，令人谈虎色变，避之唯恐不及。现代人对神秘事物似乎没有任何感悟力，他们对永恒的概念嗤之以鼻，或者气愤地用实证主义理论进行争辩，质问它与“实际现实”到底有什么关系。

然而，重神秘体验者告诉我们永恒既不是什么哲学立场、信仰教条，也不是什么无法企及的理想。相反，永恒是如此简单、直截了当、显而易见，以至于我们只需睁开眼睛去看就可以了。正如禅宗法师黄檗（Huang Po）所反复强调的那样：“它就在你的面前！”

“与永恒接触”之所以让人望而生畏，部分原因是因为我们通常误解了“永恒”（eternity）这个词本身的真正含义。我们一般把永恒想象成一段很长、很长的时间，一个百万年乘以百万年的无穷无尽的时间的延伸。但重神秘体验者却根本不这样来理解永恒。他们认为永恒不是一种对永无止境的时间流逝的感知，而是一种自身就根本不受时间制约的感知。永恒的瞬间（eternal moment）是一种与时间无关的瞬间，它无往无来、无前无后、无生无灭，没有昨天也没有明天。生活在一体意识中就是生活在这样的永恒瞬间里，因为没有什么比时间的尘埃更能彻底地遮掩住永恒的圣洁之光了。正如埃克哈特（Eckhart）大师所写的："正是时间阻碍了我们与永恒之光的接触。在通向上帝（一体意识）的道路上，时间是最大的障碍。这些障碍不仅是时间，还有一切暂存的事物；不仅是暂存的事物，还有一切世俗的假象；也不仅是世俗的假象，更有时间的那种腐败和臭味。

然而，我们还必须问：什么是没有时间的时刻（timeless moment)？哪一个瞬间可以脱离时间与时限？什么样的时刻不是瞬间即逝，而是完全超脱于时间的？

虽然这些问题看起来似乎很离奇，但大多数人仍然不得不承认：其实我们都经历过巅峰时刻（peak moments)。这些时刻超越了时间，以至于过去和未来融化得无影无踪，例如，在夕阳西下中如痴如醉；被幽暗无底的水晶般潭水之上流动的一泻月华所惊呆；在恋人令人狂喜的拥抱里神魂颠倒，不知时光飞逝；在回响着轰雷的雨雾中失神伫立，等等——谁又没有过这样一些永恒的瞬间的体验呢？

所有这些体验有什么共性呢？正如重神秘体验者所赞同的那样，其共性就是：在这些体验里，时光仿佛都凝固了，被悬停了——我们已全神贯注于当下时刻。很清楚，如果我们去考察，在这些当下时刻里是找不到时间的。当下就是永恒的瞬间，而永恒的瞬间就是永恒之境——无往无来，无前无后，没有昨日也没有明天。而深入体验这当下情境就是潜心于永恒，穿透梳妆镜，步入无生无灭的世界。

因为这当下时刻并没有开端，而没有开端就是无生（unborn)。这就是说，不论怎样寻找，你都没有办法为这当下时刻的体验找到、看到或者感觉到一个开端。这当下是什么时候开始的？它曾经有过开始吗？或者是否可以说，这当下是如此超脱于时间，以至于从未融入时间之流？同样的道理，这当下时刻也没有终结。而没有终结也就是无灭(undying)。无论你怎样寻找，你都无法为你这当下时刻的体验找到、看到或者感觉到一个终结。你永远不会体验到当下的终结（即使你死掉——因为死去就无法感觉到任何事的终结了）。这就是为什么薛定谔说："只有当下是没有终结的。"就算当下时刻的层层外壳如瀑布般落下，令人手足无措，当下本身在所谓的"时间"观念面前也仍然毫无破绽、不可分解。在这当下时刻里既无过去又无将来——这里没有时间。没有时间的就是永恒的。禅宗法师塞伯（Seppo）说得好："你想知道什么是永恒吗？永恒就是此刻。如果你不能在这当下时刻把它抓住，即使再经历千年万载的无数轮回，也终将无从获得。"

所以，关于永恒的概念是个畸形怪物，它不可能以任何方式被真正得到、领会或者体验。而永恒的现在，这个永恒的瞬间，则与你自己的当下体验一样简单、一样可以理解，因为两者本来就是一回事。正因为如此，维特根斯坦说："永恒的生命属于那些活在当下的人们。"

因为永恒是当前无时间性的瞬间的本质，重神秘体验者便告诉我们，真正的大解脱、天国的入口、摆脱"过去与未来"的门径不在彼时彼处，就在当下。基督教圣徒高塞德（de Caussade）说："所有饥渴的人们啊！快明白你们并不需要远涉重洋去寻找生命之泉。它汩汩而出，就在现时此刻，在你切近的跟前……当下时刻就是上帝（the Name of God）之明示、天国之降临。"而穆斯林的重神秘体验者鲁米（Rumi）则说："苏菲就是当下之子。"此类语录不胜枚举，在各大宗教、哲学派别的圣贤言辞中都能找到，而他们所讲的都是一回事。永恒不是，也不可能是要到明天才会被发现——它不是在五分钟之后会被发现——也不是在两秒钟之后会被发现。当下就是唯一的实在。舍此无他。

但是，看起来（读者马上就会明白我为什么强调"seems"这个词）我们中只有极少数人能独自地、完全地生活在现时此刻。我们总是沉迷往日、幻想将来，结果却让时间的锁链捆住了自己，让并非真正的当下事物的幽灵束缚了自己。我们在记忆的迷雾和期盼的幻景中挥霍自己的精力，将根本实在从活生生的当下剥夺出来，使它沦为"似是而非的当下"——成为仅仅延续一两秒钟的短暂的当下，变成永恒当下的苍白影子。由于不能生活在永恒的当下，不能沐浴在终极的欣喜里，于是我们就去寻找、企求时间的一丁点允诺作为苍白的替代品，总是希望未来能够弥补这短暂的当下所缺乏的可怜兮兮的东西。

重神秘体验者认为，这种在时间里的生活是悲惨的。重神秘体验者断言，我们的所有问题都是时间的问题，都是时间里面的问题。也许你从来没有从这个角度来看问题，但是只需片刻思索，就足以发现这一点其实是显而易见的。我们的所有问题无不围绕着时间——我们总是忧虑过去或者将来。我们悔恨过去的许多行为并为它们在将来的后果感到忧虑。我们的负疚感总是不可分割地与过去相连，随之而来的还有沮丧、痛楚与悔恨的痛苦折磨。如果这样讲还不明白，那么请想象如果没有过去的伤疤，你的生活将会是什么样。同样，所有的焦虑也与对将来的思虑密不可分。而这带来的是害怕、是对灾难的预期。就是这样的过去和将来给我们戴上了痛苦的枷锁！在博伽梵歌中，有这样的警言：

随着那时光流逝，
生命在不断消耗，
那一时辰即将到，
时辰一到全毁掉。

但在严格的当下，不会再有根本的问题了——不存在时间了。不会再有此类当下的问题存在——即使有，深究起来仍会发现：它实际上是与过去的某种内疚或与对将来的忧虑相联系的。因为所有的内疚无不迷失于过去，所有的焦虑无不执著于未来。正是在这个意义上，重神秘体验者声称：我们的所有问题都产生于我们对时间的强烈感觉，都产生于我们对时间的依附。正如斯蒂芬（Stephen）在《尤利西斯》中所痛诉的那样：“历史就是一场噩梦，我要努力从中醒悟过来。”就像埃默森（Emerson）用优美的文笔描述的那样，这种醒悟只有在我们活在当下时才会出现。

> 我窗下的这些玫瑰和以前的玫瑰无关，和更美的玫瑰也无关。它们只为现在的自己开放。它们今天和上帝同在。对它们来说没有时间。只有这些玫瑰。它们存在的每刻都是完美的……可是人们却

拖延或者回忆过去，他们没有活在当下，总是回眸惜悼去日，无视身边的财富，踮足翘首将来。他们不可能幸福和坚强，除非他们和大自然共在当下，超越时间。

那么，“活在当下，超越时间”和成为“此刻之子”似乎就是终极永恒与一体意识问题的要害，因为永恒的当下恰恰就是所谓“从时间通往终极，从死亡通往不朽”的直接而狭窄的通道。

但在这一点的理解上我们必须非常小心。因为这种“生活在永恒的当下”，这种对于当下时刻的关注，与通常仅仅要人忘记昨天和明日的心理学技巧根本没有任何关系。重神秘体验者并不是说我们应通过忘记或试图忽略过去和未来的办法，从而活在当下。他说的是根本就没有过去与未来——而这一开始就让人觉得更糟，因为过去与未来不过是强加于永恒当下的符号性的疆界所产生的幻觉罢了，这符号化了的疆界似乎把终极永恒割裂成了对立的昨日与明日、之前与之后、逝去的时间与即将来临的时间。时间作为终极永恒之上的疆界，不是一个有待除掉的问题，而是不应存在的幻觉。

所以，为了正确理解这一终极觉知，我们在这一要点上必须非常小心，最大程度地保持谨慎。永恒终极并非永久的时间而是没有时间的当下，许多人在理论上把握住了这点，之后却努力通过专注于现在的此刻，专注于现在正在体验的任何事件来接触这永恒的瞬间。为了接触这没有时间的此刻，他们对即刻的当下投以“赤裸裸的关注”。

这听起来尽管颇有道理，但还是没有找准要害。为了试图接触现在的时刻，我们仍然需要另一个现在的时刻，因为只有在这个时刻里，接触才有可能产生。换言之，生活在永恒的现在的企图是离不开时间的。对现在的专注离不开未来，而且这个未来能够投进这种专注。而我们讨论的并不是可以把握当下时刻的未来，我们讨论的就是当下时刻。简而言之，我们不可能利用时间来超脱时间。那样做只会强化我们要拔除掉的东西。

这是令人非常恼火的，因为我们总以为自己还没有生活在永恒的现在，因此应该采取措施来保障自己在将来某个时候能生活在永恒的当下。或者说，我们假定时间是真实的，然后我们要去消除它。更糟的是，我们企图利用时间去消除时间，而这是根本行不通的。重神秘体验者并不要我们去摧毁幻觉，他只是要求我们小心地去寻找它们。因为，如果时间的确不存在，我们就不必处心积虑去消除它。在消除时间之前，我们不妨看看能不能先找出它来。如果我们找过，却找不到时间的踪影，那时我们就已经瞥见了永恒。

我们已经看到，直接的体验显示，并没有独立于体验世界的分离的自我。同样，以相同的方式，我们来关注直接体验，寻找时间——从过去到将来的流动——真正存在的证据。

让我们从自身的感官开始。我们曾经感觉到时间吗？也就是说，我们曾经直接感觉到了过去或者将来吗？再从听觉开始。此刻，将注意力集中在听觉上，注意声音的流动变化，它正通过你的感知形成千变万化的景致。也许你听到人语犬吠、儿童嬉戏，也许听到风吹雨打、龙头滴水，也许听见了房屋吱轧、人欢车喧；但请注意，所有这些声音都是当下的声音。你既不能听到过去的声音，也不能听到将来的声音。你所听到的唯有当下。你没有也不可能听到过去或者将来。

正如所有的声音都只是当下的声音一样，所有的味道也只是当下的滋味，所有的气味也只是当下的气味，所有的景象只是当下的景象。你无法触及、看到、感受到任何类似过去或将来的东西。换句话说就是，在你直接的、即时的觉知中没有时间——没有过去也没有未来，只有无尽变化的当下，它比一瞬间还要短暂，没有尽头。所有的直接觉知都是永恒的觉知。

但是，在印象中我还是觉知着时间，特别是流逝了的时间，觉知着自己的整个过去，还有经历的所有事情。那么，究竟是什么使我有这样压倒性的印象？尽管我的确理解在我的直接体验里没有过去而只有无尽的当下，但我还是确信自己知道过去的一些事情。言辞上的花招驳不倒我，因为的确有什么东西在明确而有力地告诉我几分钟前的事情、几天前的事情，甚至是几年前的事情。到底是什么东西？又如何才能否定它？

前一个问题的答案很显然：那就是记忆。因为，对于过去，尽管我不能直接看见，也不能感觉或接触，但我能回忆。只凭借自己的记忆就能够使我确信过去的存在，实际上，如果不是因为记忆，我也不会有任何关于时间的观念。不仅如此，我发觉其他人看来也都有记忆，而且他们所表述的实质上正是我所回忆的那种过去。

于是我设想，记忆给了我关于现实过去的知识，即使我不能直接体验这过去。但正是在这点上，重神秘体验者断言我犯了根本的错误。重神秘体验者认可，当我想到过去时，我所真正知道的所有东西都是某种记忆——但是，他补充道，记忆本身就是当下的体验。艾伦·沃茨辩解并分析说："但记忆又是怎样的呢？我的确能通过回忆知道过去是什么吗？好吧，让我们回忆一下。回忆这么一件事：看见一位朋友走在街上，你感知到的是什么？你实际上并不是正在看着他走在街上的真实情景。你不能上前和他握手，不能问当时你忘了问他的问题。换句话说，你现在根本不是看着真正的过去，你正在看的是过去留在当下的痕迹……你从记忆中推断，曾经发生过那些事件。但你并不感知任何过去的事件。你只是在当下现时里，作为当下的一部分去了解过去。"

因此，我并不知道真正的过去，我所知道的只是对于过去的记忆，那些记忆也仅仅以当下体验的方式存在。进而我们可以知道，所谓的"过去"真正发生的时候，它是一个当下的事件。那么，没有任何道理说我直接感知到了一个真正的过去。同样的道理，我永远也无法知道未来，我知道的只是预期或者期望——它们本身无非也是当下体验的一部分。预期，就像记忆一样，是当下发生的事件。

明白了作为记忆的过去和作为预期的未来都是当下的事件，也就明白了所有的时间存在于现在。在这样的理解下，再看看重神秘体验者关于时间和永恒终极的阐述，就变得清楚多了。例如，迈司特·埃克哈特（Meister Eckhart）关于圣经中两种类型的时间（day）的著名论述："并非只有一种日子。既有属于人的日子，又有属于上帝的日子。无论是六七天前的一日，还是远在六千年前的一日，都和昨日一样地接近当下。为什么会这样呢？因为所有时间都被包含在了当下的一刻。人的一日属于此刻，由照见万物的自然光所构成。上帝的一日则是完整的一日，既包含白昼又包含黑夜。它是真正的现在时刻（now-moment）。过去和未来既远离了上帝，又与其分道扬镳。”尼古拉斯·德·库萨也说过：“所有时间上的演替变化都重合于相同的永恒现在（eternal now）。”我们也能理解为什么但丁（Dante）能说出那句难以置信的话：“所有的时间对于这个时刻都是当下。”

也就是说，时间对我们的束缚以及它所带来的所有困扰都不过是巨大的幻觉。并没有时间存在，存在的只有现在，你曾经体验的唯一的事情就是永恒的当下，无论它以什么外在形式出现。但我们多数人通常却感觉到当下之刻很难是永恒的。我们感觉它只是一个短暂的、飞逝的，也许只持续一两秒钟的当下。这就是基督教重神秘体验者们所谓的 *Nanc fluens*，意思是“瞬息的当下”。换一种说法就是：我们觉得当下之刻是被划了疆界的、有限的。它就像三明治一样，被过去和未来夹在中间。这是因为，我们把记忆符号与真实事件混淆了，我们把疆界强加于永恒的瞬间，使它割裂成了对峙着的过去和未来，从而把时间设想成了由过去通过我们“瞬息的当下”朝向未来的一种运动。我们把疆界引入了永恒之境，然后自陷藩篱。

我们瞬息的当下似乎被两头夹住，一头是过去，一头是未来。过去仿佛实在地存在于我的后面，是一些我们可以回望的真实事物。许多人觉得过去不仅仅是在后面，也可以在他们的“左边”，也许是因为我们阅读字句是从左到右。至少，因为我们想象着记忆指向真实的过去，这“过去”看起来位于我们当下的后面。于是它约束着我们的当下，仿佛从后面、从左边、从外部与当下对立。

未来则在我们瞬息即逝的当下的另一头。它似乎也很真实、很实在——当然比过去有些不确定，因为我们只能猜测它是什么样。但它的存在性看来是肯定的。未来从我们前面、从右边围堵住我们的当下。因为我们的想象期望着一个真实的未来，它看来就位于我当下的前方，于是，它约束着我的当下。

这样，我们的当下从所有方向被约束，就像三明治一样被夹在过去和未来之间。它被限制、被束缚、被制约。它不是开放的时刻，而是被挤压着的一个瞬息之刻。它仅仅是在消逝。因为过去和未来显得如此真实，我们的当下时刻，也就是三明治中真正夹着的肉，被削减成了薄薄的一小片，结果我们真实的存在全都迅速蜕变成了没有内容的残留的面包。

当作为记忆的过去被看成当下的体验时，在此刻背后的疆界就瓦解了。显然，在当下之前并无其他。同样，作为预期的未来被看成当下的体验时，位于此刻前面的疆界就崩溃了。我们前面或后面存在的东西突然迅速地完全消失了。这当下不再是被包围起来了的，而是张开充满了所有的时间，从而“飞逝着的当下”张开成了永恒的当下，基督教重神秘体验者们称之为：“nunc stans”（拉丁语：永存不朽的现时）。“ nunc fluens”或“飞逝的当下”，还原为了 nunc stans 或者“永恒的当下”。而且这当下不只是实在的一小片。相反，在当下存在着的是整个宇宙，包含着世界上所有的时间和空间。

当下，即 nunc stans，是一个没有疆界的时刻。因为作为记忆的过去和作为预期的未来都包含在内而不是从外面包围，所以当下没有疆界。因为在这当下的外部既没有过去也没有未来，这个时刻也就没有疆界——没有什么先于它来，也没有什么后于它到。对于它，你不能只经历一个开始，也不能只经历一个结束。正如“坛经”（*Platform Sutra*）所说：

> 此刻无物肇始，此刻无物终结。则无生灭可以毕。则此刻即绝对之平和。虽唯此刻，而此刻无界无限，此中即是大光明。

因此，说重神秘体验者通过咬定当下来逃避时间，从而逃避他在历史的艰难时世中的责任，这是不对的。如果这一指责属实，那重神秘体验者只会对瞬息的当下、一两秒钟的飞逝的当下感兴趣。但他们并非如此。相反，他们关注着的是永恒的现时，是永存不朽的现时。与其说他们逃避时间，不如说他们把握了所有的时间；他们完全自由地思考过去和未来，领悟到这些思虑本身也只是当下发生的事件，从而摆脱了过去和未来的羁绊。作为记忆的过去推不着他们，作为预期的未来也牵不着他们。因为他们的当下现时包容了过去和未来，所以没有任何东西能从外部推或者牵。他们全然不在时间之内，因为他们包容了所有的时间。

最后，人们也许会问，永存不朽的现时与一体意识有什么关系？它们之间有无关系？回答是：二者间没有什么关系，因为它们本来就是一回事。正如阿尔道斯·赫胥黎（Aldous Huxley）所述："终极的现在是一种意识。"也就是我们所指的"一体意识"。

一体意识体现为这样一种实现：一个人真正的自我是无疆界的，就像镜子和影像之间没有界限一样，它包含着整个宇宙。正如我们在上一章中所见，对于一体意识，主要而明显的阻断是原界，它导致我们错误地把自己仅仅定位成"小自我"（small self），我们设想这小自我中包含了关于外在世界的体验。然而，正如克里希那穆提（krishnamurti）经常指出的那样：分裂了的自我，"内心的小人"，完全是由记忆组成的。也就是说，你现在所感觉到的作为内在观察者的正在读这本书的自我其实只是记忆的一团复合体。你的喜爱与厌恶、希望与惧怕、思想与理念等，它们全都基于记忆。如果有人问："你是谁？讲讲你自己吧。"你就会开始在记忆中寻找你过去所作所为、所见所感的有关事实。的确，如克里希那穆提所断言，你现在觉得自己作为分裂的实体存在的感觉，其本身完全基于记忆。如果你对自己有个很好的把握，那么你把握住的仅仅是记忆。

当然，克里希那穆提补充道，记住过去并没有什么不对，因为在这个世界中，记忆是很基本的事情。问题却在于，我们认同这些记忆，仿佛它们在当下之外或者与当下无关，也就是说，记忆似乎是实际的外在的过去的知识的化身。

但这意味着什么呢？因为我们相信记忆外在地独立于当下体验，记忆的自我仿佛也外在地独立于当下体验。那么，这个自我似乎是拥有当下体验，而并非就是当下体验。"记忆是当下时刻背后的过去体验"与"自我是当下体验背后分裂的实体"这两种感觉其实是等同的。只是因为记忆看来似乎真的是一种过去的体验，观察者似乎就置身于现在之外了。观察者就是记忆，如果这记忆看起来与现在不同，那么观察者就感觉自己与现在不同。

同样，当所有的记忆都被理解和看成当下的体验时，独立于当下之外的自我的整个基础就完全崩溃了。只不过是记忆的你的“自我”，因而也就成为另一个当下体验罢了。它并不是拥有当下体验的什么东西。当过去融入了当下时，作为观察者的你也融入了当下。你就不再能够避开当下时刻，因为此刻之外没有其他任何空位。

于是，把所有记忆都看成当下体验，也就消解了当下时刻的疆界，使它摆脱了幻觉的束缚，把它从过去和未来的对立中解放了出来。这样就明确了，在时间里，并没有什么能在你后面，也没有什么能在你前头。因此，你只能处于无时间性的当下，处于永恒之中。

第六章　疆界的增长

我们已经用了不少的篇幅来讨论一体意识的超越时间性的本质。人们一旦对这无疆界的觉知有所理解，哪怕只是非常粗浅的和一般的了解，意识层次图（意识谱）中其余部分的本质也就更加清楚了。传统的心理学一向把“私我”称为人的“真我”，不得不把一体意识描述为不正常的、意识的错乱状态或异常状态（altered state）。但我们已经认清了一体意识才是人的天然的自我，即人的真正的自我；而私我则是对一体意识非自然的束缚和限制。在意识层次图中，所有的层次都可以被理解为构成了一种递增的束缚，一层层地限制住一个人的真正自我、一体意识以及无疆界觉知。

在这一章中，我们将逐步讨论疆界发展的值得注意的明显的过程。我们已经知道，大自然是没有墙壁和篱笆的，它对这疯狂的充满疆界的世界一无所知。但我们却几乎完全生活在充满疆界、围墙、束缚以及战争的世界里。既然我们真正的自我一直都是一体意识，那么其他意识层次是如何发展出来的呢？又是什么使我们产生了对这些不同意识层次的认同呢？

既然意识层次图中每一个意识层次的产生，都只是由于逐步增加的对一体意识的束缚，那么我们的研究只需要找出这些疆界的开端，找到第一个疆界，找到导致分裂的第一个原因。我们已经谈到，这第一道疆界称之为“原界”，它割裂了观者与所见、知者与所知、主体与客体。原界产生之后，一系列后续的情况就在所难免了。一层又一层的新的疆界就随之生出，每一层都以前面一层为基础，这样构成了意识层次，于是众所周知的世界便产生了，人们开始感到困惑、惊讶和迷茫，心无所居而纷繁芜杂，对这个充满对立的世界既爱又恨。

对创世本身的开端、起因和动力等问题，无论是宗教、哲学、神话还是科学都有所解释。天文学家告诉我们，大约在150亿年以前，什么也没有，只是绝对的虚空，突然“嘭——”的一声大爆炸，宇宙便从虚无中诞生了。基督教神学则告诉我们，太初，只有上帝存在，经过七天叮叮当当的劳作之后，便有了我们所知的这个世界。不论是科学的大爆炸，或者是宗教的“天父”，都想充当一切造化的开端。不过，尽管人们要在过去寻找第一因，但他们将永远也找不到，道理很简单：过去根本就不存在。那第一因并不是过去发生的事件。它是现在的发生，是现在的一个事实，是现在的一个活动。而且，第一因并不是脱离我们存在的上帝，因为上帝就是所有存在（all that is）的真正自我。原界，这个生生不已的第一因，就是这一时刻我们的行为。

所有这些中最令人困惑的是原界为什么会出现。换一个问法：为什么会出现原罪呢？为什么会出现六道轮回（samsara）、虚妄（maya）、疆界之苦难呢？提出这个问题很自然，不过它也是一个陷阱。当我们对原界进行追问时，我们实际上是在追问在原界以前有什么东西。可是在原界之前什么都没有。也就是说，原界不是任何原因、力量或主宰创造出来的。如果原界有原因，那原因本身就变成了新的原界。如果用神学的语言来表达：如果在第一因之外还有原因，它就不能算是第一因。所以，尽管这答案不能十分令人心服，可它就是没有原因，这是唯一可能的答案。原界就像我们现在的活动，但这种活动自在自为，无所谓缘由。它是在一体意识之中，并且就是一体意识的运动，它自己虽然并没有原因，却能生出无数的结果。

在本书的最后一章，我们还将回到这个最初运动的问题，看看能否透彻地理解这种神秘的活动性。在这一章中，我们只能说：在这一刻，就在这一刻，再重复一遍，就在这一刻，原界诞生了。我们在前面提到凹凸线的例子，每当我们在现实中划出一道界限，就立刻形成看上去似乎相互对立的两边。原界也是一样，它将一体意识一分为二：主体对客体、知者对所知、观者对所见，或者更通俗地说，就是生物体对环境。

在生物体与环境之间存在着皮肤，这种天然的界限是毋庸置疑的，但它却成为虚幻的疆界和藩篱，分割了原本不可分的有机生命与外界环境。克里希那穆提曾说：“在这段距离中，就在观者与所见之间，就在这样的空间里，潜藏着人类所有冲突的祸根。”

请注意，当这个原界产生时（它现在每时每刻都在产生着），人就再也不能把他们的生物体和这个世界合二为一了。他不再与他所感知的这个世界合为一体，因为这两者的对立似乎是不可调和的。他只能认同自己的有机生命，而与外部世界相抗衡。于是这有机生命成为“自我”，而整个外部环境都是“非我”。他处于皮肤这一疆界的里面，恐惧地盯着外部的世界。“我是外乡人，孤独而恐惧地活在一个陌生的世界中。”在这原界内，人们彻底忘了自己与万物同一的本来面目，只是将注意力放在自己的身心上。

于是人们煞有介事地离开了他们的真正的自我，离开了一体意识的层次，以为自己是独立于环境的孤立的机体。“有机生命整体”的层次便产生了，这恰恰是意识层次图中的下一个重要层次。原界分裂了有机生命与外界环境的统一性，制造了生物体与环境的冲突；此岸是我，彼岸是环境。所有的后来的疆界都由此而生。正如庄子所说：非彼无我，非我无所取。是亦近矣（《庄子·内篇·齐物论》）。

因为原界的存在，我们分裂的自我与周围世界就产生了鸿沟——永远无法跨越的鸿沟。我们不再是世界本身，而是与世界对峙。于是一体意识变成个体意识，终极认同变成了个人认同，大我（the Self）变成了小我（a self），原来拥抱在一起的主体观者与客体所见，现在就如仇人一样对立。我与世界的冲突从此开始。环境成为潜在的威胁，因为它随时能毁灭掉所谓的“真正”自我，即我的生命体，我的身心。于是一个全新的因素出现了，这个因素注定具有极大的意义：人们开始意识到对死亡的恐惧。

一位古代道家哲人曾说：“古之真人（True Man）不知爱生恶死，生而不乐，死则不拒，来去自如，此乃以心制道，以人当天之途也。”然而，什么样的人才是真人呢？这位哲人在别的地方解释道：“不贪此身，黜聪去智，身心双忘（也就是机体和身心的分离），化于无限。”换句话说，当自我仅仅认同于他的生物体时，生物体的死亡才会成为危机。

因为只有在人将“自我”与环境分开后，人对死亡的有意识的恐惧才会出现。古之真人之所以能够不怕死亡，不是因为他们愚昧无知，而是因为他们“超越了身心”，与无限成为永恒的一体。临济禅师（Rinzai）也指出，这个真人就是真正的大我（True Self），就是人类自己的一体意识。如果人们意识到根本自我就是宇宙的自我，那么个体形式表面的死亡不仅可以接受，而且是内心所希望的。

我心甘情愿献出生命。

只有部分才会面对死亡，整体（the Whole）不会有这个问题。但是一旦人们把他的真我只想象成特定的机体，对这个机体死亡的恐惧便控制了人们的心。对于把自我仅仅想象成一个部分的自我而言，死亡的问题和对虚无的恐惧就成了这个自我的核心。

这种对于死亡的基本恐惧，使得孤立的自我几乎无法理解和接受生与死本来就是一个整体。正如我们在前面讨论过的其他一切对立一样，存在与非存在也是一对不可分开的整体。抛开外表的不同，实际上他们彼此也就是对方。所谓生与死只是看待这一永恒时刻的两种不同方式而已。

我们可以这样看待生死：任何刚刚出生的东西，任何刚刚存在的东西，都可以说是没有过去的。也就是说“生”是没有过去的状态。同样，正在死亡的东西，正在消失的东西，它是没有未来的。也就是说，“死”是没有未来的状态。我们已分析过，当下时刻是既无过去也无未来的，也就是说，生与死在这当下时刻即是一个整体。因此，这一刻不断产生——你找不到它的过去，找不到它之前有何东西；然而，这一刻也在不断死亡——你也找不到它的未来，找不到它的后面有何东西。就在生出的那一刹那，它也同时死去了。这一刻就是对立与统一、生和死、存在与不存在的整体。日本一遍上人（Ippen）[1] 说得好：“每一刻

---

① 一遍，1239—1289，日本时宗之开祖。讳名智真。七岁出家，初于比睿山修学，后至太宰府修净土学。于熊野参学时，更名为一遍。此后为救度众生而宣扬空也上人之念佛法门于民间，足迹遍及全国，时人称之为游行上人、舍圣。道俗信众跟随者甚众。住生涯寺时，曾于濑户内海布教。日本正应二年（公元 1289 年），于兵库和田岬观音堂示寂，享年五十一。谥号“圆照大师”，著有语录及播州问答集，传记则有多种版本。——译者注

都是最后的一刻，每一刻也都是重生的一刻。”

可惜人们只认同他的机体（原界），只接受这生死一体的一半，拒绝死的那一半。实际上，我们现在最惧怕的正是死亡。由于死亡是没有未来的状态，所以如果一个人拒绝死亡，实际上他真正拒绝的是去过一种没有未来的生活。人们渴望一个作为承诺的未来，就是不愿在当下时刻闻到死亡的气息。这种对于死亡的恐惧，不论是潜在的还是明显的，都会迫使他去思考、计划、追求，或者至少为明天作打算。他对死亡的恐惧使他去寻找一个未来，试图去抓住一个未来，向未来靠近。简而言之，对死亡的恐惧使得他具有一种强烈的时间感。令人啼笑皆非的是，由于分裂的自我只是幻象，那分裂了的自我的死亡也只是一个幻象而已。正如苏菲教的重神秘体验者哈兹拉特·汗（Hazrat Kahn）曾说：“世上并没有死亡，有的只是一种幻象，以及对于这种幻象的印象，人们把这种幻象摆在面前，毕生为之恐惧。”在这个意识层面，人们制造出时间的幻象以缓解对于死亡幻象的恐惧。

从这个意义上说，原来时间只不过是用来抗拒一个幻象的另一幻象而已。有这样一个故事：一个人在公共汽车上碰到一位瘦弱的老者。这位老者提着一个牛皮纸袋，不断地往那个纸袋里丢点吃的。旁边有一位乘客忍不住问他：“你在喂那个纸袋里的什么东西吗？”“是一条黄鼬，它吃蛇。”“你为什么随身带着这条黄鼬呢？”老人答道：“我喜好喝酒，喝多了就看到面前有蛇晃晃悠悠，于是我用黄鼬来赶蛇。”乘客问：“你不知道那蛇只是个幻象吗？”老人答道：“当然知道，不过袋里的黄鼬也是我想出来的。”就像这个故事一样，我们也是用时间的幻象来吓跑死亡的幻象而已。[①]

永恒的现在是一种既不知道过去也不懂得未来的觉知。它没有未来，没有疆界，没有明天——在它的前面什么都没有，在它的后面什么都没有。这恰恰也就是死亡的状态，因为死亡也没有未来，没有明天，没有接续的时间。因此接受死亡也就是安于一种没有未来的生活。也就

① 黄鼬，又称黄鼠狼。身体细长，四肢短，尾蓬松。昼伏夜出。

是如埃默森所说：活在超越时间的当下。

自从原界出现后，人们便开始拒绝死亡，并因此拒绝过没有未来的生活。简而言之，人们拒绝在时间之外生活。人们需要时间、创造时间，也活在时间内。活下去变成了他的希望，时间是他的最大财富，未来是他的唯一目标。时间原本是人类一切问题的根源，却成了人类想象中获得拯救的源泉。人们迫不及待地奔向时间……直到自己的大限来临，到那时他所面对的，和他一开始所面对的一样，都是这个分裂的自我的核心，这就是死亡。

明日复明日，
日日行小步，
丧钟最后触，
愚者应声悟，
明日成昨日，
昨日铺死途。

由于我们追求未来，所以我们每一分钟都活在期待中，都没有得到充分的实现。每一分钟都只是在过渡，就在这过渡中，真正的永恒的瞬间（nunc stans），沦为短暂而无常的现在（nunc fluens）匆匆而逝。我们希望每一刻都渡向未来，以为只要冲向一个幻想的未来，便能避免死亡的威胁。我们只想在未来找到自己。我们想要的不仅是这个现在，我们还要另一个现在，再另一个现在，明天，另一个明天，又另一个明天。结果，自相矛盾的是，每一个现在反而变得十分贫乏，飞逝而过，因为我们总希望它快点结束！之所以希望它早点结束，是为了使得下一个时刻快点到来，而下一个时刻又将为再下一个时刻垫背。

这仅仅是关于时间故事的一半。由于人们现在仅认同自己的有机生命体，所以，自然地展现在那个生命体内的记忆痕迹貌似具有极其夸张的重要意义，变成消耗精力的偏见。他执著于这种记忆，把这种记忆当成真实，这就是说，仿佛它汇报的是一个真实自我的真实过去。他静静地沉溺于自己的“过去”中，无条件地认同它。由于他需要有个真实的未来在他面前，自然也想看到一个真实的过去在他背后，因此他不愿把记忆当做当前的体验，所以假想它为过去真实的体验。这样记忆仿佛成了一种保证，既然他在昨天存在，那么他就有可能明天也存在，如此他便活在记忆与期待中。他把自己的现在束缚在对过去的苦乐参半的惋惜中和对未来的痛苦的憧憬中。他希望找个东西环绕着现在，保护他，使他远离死亡的威胁，于是他把过去与将来当做围墙将现在围起来。

注意，根据第一章中的图1—1，此时人已经在认同他的全部生命体，因为他存在于时间与空间中（我不妨再提示一下，那条斜线代表着自我与非我的疆界，我们正在沿着它推进。我们目前已由“宇宙”进入个人的“生命体”层次）。我们暂且跳过中间的超个人带（transpersonal bands），因为它们现在看来还太复杂、太微妙，等到第九章时再讨论，到那时我们才能准备好一些用来理解这个阶段的背景知识。我们在此只需大致知道，在超个人带里（见图1—1），个人尚不能完全与万物认同，还没有进入一体意识，可是又超越了孤立的自我身心意识（也就是有机生命整体的层次）。在这些超个人带中，自我与非我的疆界已经在一种非常积极的意义上发展，个人已经意识到自己不仅仅是一个孤立的有机生命。

让我们再回到“有机生命整体”的层次，继续讲述这个意识层次的成长故事。在这一层次，人们只愿意与他的有机生命体认同，存在于时间之中，不断逃避死亡。但无论如何，人类至少还能接触到自己整个的心身存在，因此我用一个简单的名词来指称这一层次——人首马身（centaur）。人首马身是神话中的怪兽，它一半是人，一半是马，这样它正好象征着心理与生理的和谐统一。人首马身并不是一位骑士驾驭着他的马，而是骑士与马浑然一体；不是与身体分裂并受身体控制的心理，而是自我控制、自我管理、身心和谐的浑然一体。

但是现在我们就遇到一个大问题。随着意识层次图的下一个层次，也就是私我层次的出现，人首马身的统一境界被完全打破了。人们拒绝保持与自己整个机体的接触，拒绝认同机体所有的活动，拒绝全面地感受自己。他只认同自己整个机体的一部分，也就是他的私我、自我意象、纯粹的心理人格，也就是人首马身的抽象部分。这意味着他否定身体，在根本上排斥身体，把它贬为自己所拥有的财产。他是骑士、控制者、马术师，而身体则沦为愚昧的、被任意控制的牲畜，也就是马。

这是怎么回事？怎么又出现了一条新疆界？是什么因素使人脱离了人首马身身心统一的境界？我们也许可以列出一连串导致身心分离的因素，但最主要的，还是因为人们始终想逃避死亡。人们总是有意避开任何关于死亡存在的提醒，有意避开代表死亡甚至任何能和死亡扯上关系的东西。当人们在现实中想要逃避死亡时，第一个难题就是身体。身体好像就是死亡的终极归宿，人们早已意识到身体是必死的，终将化为尘土；身体是不可能永存的，如果人们想甩掉死亡，追寻不朽的未来，唯一的办法就是先把身体抛开。

这样，人们就开始慢慢酝酿一种很隐秘的欲望，就是希望自己的自我能够永远存在，不变不灭。而符号、观念和概念正好具有这些特点。它们是静止不动的，固定不变的。例如“树”这个字，尽管自然界中的树永远在改变，它们生长、变形、死亡，但“树”这个字永远是同一个。为了寻找这种静态的不朽，人们开始让自己的认同围绕关于他自己的想法来进行——这就是称为“私我”的心理的抽象活动。于是人们不愿意再活在会腐烂的身体内，只愿意活在私我内；这就好像给了自己一张画像，而这幅画像删除了所有真正与死亡相关的东西。

这样“私我”的层次就产生了（见图 1—1）。身心的自然区分变成了虚妄的疆界，成了戒备森严的岗哨，使得原本一体的东西从此泾渭分明。新的疆界必然引发新的冲突，一场新的对立双方的战争开始了，肉体的欲望与灵魂的诉求相互交战，导致经常“心有余而力不足”。有机生命体失去了它的统一性、完整性。人们与自己的整体生命之间的联系被割裂了，只让自己内心的自我意象代表其整个生命体。实际上他离弃的不仅仅是自己的身体，而是身与心的统一性、感受和注意的统一性，即人首马身的特性。原有的清晰明确的感受与注意的统一性也扭曲、断裂，导致一方面出现了强迫性思维，另一方面是无法协调的身体。

于是处于私我层次中的我们，只与整个有机生命的心理映像（mental reflection）认同，也就是只与自我意象认同。现在，这种多少也还正确的自我意象仍旧比较笼统。它能容纳这个生命有机体的整个传统历史，包括其童年、情绪、理性和非理性等方面。它了解这个有机体的优势和劣势，它拥有良心（或者叫做“超我”），这是来自父母的甜中带苦的礼物；还有哲学观，这是疆界的个人发源地。一个健康的私我通常能够整合和协调这些不同的层面。

然而，私我有时候并不能做到兼容并包。在某些情况下，一个人可能会故意漠视私我中的某些部分。由于私我的欲望有时过于怪异、危险或违反禁忌，此时人们便会拒绝承认它们。他担心拥有一个念头和按照这个念头去行动是一样的，会带来可怕的后果，因此从一开始就想否定这些念头的存在。

例如，他的私我有个很小的冲动在心中一闪而逝，想揍某个人——谁都难免有这类冲动，不足为奇。可是因为他害怕真会做出这种事来，于是就干脆否认有此想法，然后故意忘掉曾否认过的事情：“我？从来没有这么想过！既然如此，也就没有什么可否认的！”可是，他确实有那一欲望，他只能装作没这回事。就我与非我的疆界而言，违背禁忌的欲望就划到了非我的一端，至少看上去是这样。凡是不喜欢的、不理解的或是无法接受的那些方面，悄悄地被驱至疆界的另一边去，划入敌对的区域，就这样敌人的力量加强了。

为了说明私我内部的这种分裂，我们再回到那位想揍人（例如，想揍老板）的家伙身上。他想揍人，但否认自己有这种想法。他虽然否定有此想法，但那个念头并未蒸发，它仍存在，只是好像存在于私我之外。套用一句心理学的术语，就是愿望被投射于外界了。这家伙觉得有个人非常恼火，这人又不能是他自己，于是就得找个替罪羊。也就是说，他有一个蠢蠢欲动的愤怒冲动，既然他不能够承认这冲动是他自己的，那么就是其他人的了。突然，他发现身边有人在生他的气，而且没有明显的理由。于是他想揍人的冲动就变成了别人要揍他了。“我对这个世界生气”经过投射，便成了“这个世界对我生气”。他就这样患上了抑郁症，这是可以理解的。

随之而来的是，一些更加严重的情况发生了，因为他已经不能同全部的私我倾向接触。他不仅不能触及他的整个有机生命体（私我这个概念本来就是这个意思），甚至都不能考虑他的生命体的各种潜在部分，因为有些想法已经被禁止了。换句话说，他无法找出一个正确又能接受的自我意象，他只好捏造一个比较容易接受的不准确的形象，从而以拒绝自己的多面性而告终。他得出一幅欺骗性的自我画像，一个不准确的自我意象。简言之，形成了“角色”，私我中所有那些不被接受的方面都被认为是外部的、陌生的、非我的。它们被投射为“阴影”。私我内部出现了一个疆界，个人对自我的意识自然愈来愈窄，“非我”的威胁也与日俱增，于是便成了“角色层次”（见图 1—1）。

我们已看到，通过连续不断的疆界，意识层次图也逐渐形成了。每出现一道新的疆界，个人的自我感觉便缩小一些，空间越来越小，限制越来越多。首先是周围环境，接着是身体，然后是作为非我的阴影，它们被一一推出界外，成为陌生而敌对的非我，每一道疆界都是一条对垒的战线。

其实，所有这些外在东西，不过是个人自身存在的投射而已。我们可以重新发现它们，认清它们本来就是自我的组成部分。本书的下半部就是介绍这些发现的历程的。这些发现的过程有时候会使你感觉到痛苦，但最终都是一种快乐，因为每一次关于外在的东西都是自我的一个方面的发现，都是在化敌为友。这样，战争将会变成舞会，冲突将会变成嬉戏。阴影、身体以及整个环境都已经成为我们无意识的组成部分，成为我们在地图与疆界的世界当中所做的白日梦的后果，成为亚当留给他的沉睡中的儿女们的礼物。让我们撤除这些疆界，重新审视这个真正的世界；让我们撤除这些疆界，重新触摸我们的阴影、身体和世界，并且知道我们所触摸的是我们真正自我的本来面目。

第七章　角色层次：探索的第一步

从你意识到对生活有不满的那一刻开始，你就在向内心进行探索了。这种不满并不是像一般的心理医生所认为的是一种“心理病态”（mental illness）的征兆，不是无法适应社会的表现，也不是什么性格障碍。恰恰相反，对人生的不满孕育着智慧的种子，但这种特殊的智慧通常被社会交往中的虚假所掩盖。当一个人开始意识到生活的痛苦时，他对生命中更深刻、更真实的现实的觉察就开始了。因为苦难常常把我们对人生所抱的幻想击得粉碎，迫使我们在某种意义上保持警觉，让我们仔细地去观察、深刻地去感受，用我们以前曾经逃避的方式去接触自己与世界。过去有人讲苦难就是荣耀的开始，我对此深信不疑。从某种意义上讲，受难之时几乎就是欣喜（rejoicing）之时，因为它标志着富有创造性的洞见的诞生。

但仅仅是在一种特殊的意义上才这样讲。有的人沉浸在痛苦当中，对痛苦就像母亲对孩子一样亲昵，他们无法从痛苦中觉醒，他们抓住痛苦不放，就像殉难一样在痛苦中抽搐和僵化。对待痛苦，既不应该否认、回避或者鄙视，也不应该过分渲染、紧抓不放，或给它披上神圣的外衣。与其说苦难好，不如说它是一个征兆，它让人觉察到在一体意识之外的生活是痛苦的、烦恼的和悲伤的。到处是疆界的生活充满了冲突，人们恐惧、焦虑、痛苦，最后走向死亡。人们只是通过寻找补偿或者分散注意来使自己麻木，不让自己去质问那虚妄的疆界，即肉体和精神的无尽痛苦的根源。但如果我们还没有完全麻木，我们的防御性的补偿迟早都会失去安抚和隐藏的效用。其结果就是我们最后仍要遭受这样或者那样的痛苦，因为我们终将觉知到虚妄的疆界所引起的冲突，以及它们所支撑的支离破碎的生活。

这样，感觉到痛苦，因此就成了认识虚妄疆界的第一步。正确地理解它，其洞察就具有解放的作用，因为它指示我们超越疆界。我们痛苦不是因为我们有病，而是因为智慧开始显现。但对痛苦的正确理解非常重要，否则初生的智慧就会夭折。只有通过正确地理解痛苦，才可能深入体会乃至最终超越痛苦。如果不能正确地理解痛苦，我们只会陷入其中，不知所措。

纵观人类历史，不少的祭司、教士、圣贤、重神秘体验者、心理学家、精神病医生都尝试过为人类指出面对痛苦的正确方法，并借此来超越痛苦。他们面对各类男女，洞见其痛苦，使之正确理解自己的痛苦，从而在自由中超越痛苦。可是这些不同的心灵医生（doctors of soul）所提供的洞见却未必总是一致，有时候甚至相互矛盾、大相径庭。古代的心灵医生教我们寻找上帝，现代的心灵医生则教我们面对潜意识。先锋派心灵医生教我们深入身体，有洞察力的（clairvoyant）心灵医生教我们超越身体。和过去相比，如今的心灵医生更是争论不休，观点迥异，使得我们陷在痛苦中无能为力，弄不清楚我们为什么不舒服，更不知道应该找谁咨询。当我们被冻结在痛苦中时，对于现实的洞察便不能够产生。我们不能觉知我们的痛苦，也就无法解放内在的智慧。

只有了解了痛苦的意义及其产生的原因，我们才能忍受痛苦，才能获得良好的结果。由于我们没有可以完全信赖的心灵医生，所以我们就不可能知道痛苦究竟意味着什么。从前有一段时间我们天真地信赖圣贤、神父和萨满教巫师，把他们当做我们的心灵医生，他们引导我们把觉知投向神。上上个世纪（公元19世纪），神父的权威大量地被精神病医生所取代，人们遇到大问题的时候更相信精神病医生，而这些新神父让我们把觉知投向自己的心灵。但是今天，我们对于精神病医生的信赖程度正在慢慢降低。许多更有效、更现代的治疗方法犹如雨后春笋，从艾萨伦中心（Esalen）、沙漠绿洲（Oasis）以及类似的成长研究中心培养出的心灵医生遍布全国。他们让我们把觉知投注到整个有机生命体，而不仅仅是脱离躯体的心灵。还有那些正在发展中的“超个人的”心灵医生们，他们指引我们将觉知投向“超个人的意识”（supra-individual consciousness）。但这些医生全都各执一词，我们到底应该相信谁呢？

关于“谁是对的？”这一常见争论的最大问题之一就是，普通人和专家都认为各种各样的心灵医生在探讨人的问题时只不过是角度有所不同而已。但事实并非如此。他们是从不同角度来探讨人类觉知的不同层次。今天，我们之所以不敢全然信赖任何一位心灵医生，其原因就是，我们以为他们都是在针对同一个意识层次。这样自然会觉得他们说得相互矛盾、冲突，使我们无所适从。

我们一旦看清楚了人类意识的多层次的性质，明白了我们的存在有许多层面（layers），就能理解原来这些不同的治疗方法针对的是心灵的不同层面，它们因而也就完全不同。有了这些认识以后，我们就能够更开放地去倾听某个心灵医生在某个特定意识层次上的观点。如果我们的问题正好属于那一层次，我们就可听得更加仔细。他会帮我们找出那个类型的痛苦的意义，并帮助我们用觉知、理解、洞察去接纳、承受它，并最终超越它。

为了达到这个目的，我们在下面几章中将深入讨论几个主要的意识层次，看看每一层次内在的潜能、快乐以及价值，以及每个层面可能出现的不适、痛苦和症状。我们也将探讨各层次所产生的特有的痛苦的主要治疗方法。我相信这有助于读者对于觉知的深度有个大致的了解，这种了解也许能够帮助读者明白自己令人惊讶的疆界。

我们将按照意识层次图由上而下地进行，这种下降趋势可以用多种方式来描述，从协调的对立，到意识的扩展以及对各种情结的超越，但最主要的还是疆界的消融。我们已经了解，每建立一条新的疆界，我们便进一步地限制、压制、缩小了我们的自我感，使得我们原本的认同感从宇宙逐渐地压缩至生命体，再压缩至私我，最后只剩下角色。这种情况就好像是自我变得越来越小，非我变得越来越大。每一条疆界都把自我的一部分投射出去，使其成为外部的、敌对的、陌生的异域，处在篱笆的那一边。因此，建造一个新的疆界就等于完成一个独特的投射（projection），使某一部分的自我变为非我。因此，收回一种投射，也就化解了一条疆界。当你意识到似乎存在于“外边”的东西其实就是你自己的反射，本来就是你自己的一部分时，你就消除了自我与非我之间的那条疆界，觉知的范围就会变得更广大、更开放、更自由，并且不再设防。真正把原来的“敌人”变成朋友，最终和它成为一体，就像撤除战线、扩大疆土，从此可以在新的土地上自由活动。这些被投射出去的方面不再是对你的威胁，因为它们就是你。因而，顺着意识层次图往下就意味着：(1) 消解疆界，(2) 重新收回投射。这是在下降过程的每一个步骤中都会发生的。

在行文中将有一些具体的例子，通过这些例子可以更清楚地说明疆界、投射和对立冲突等观念。这一章专门讨论“角色”和“阴影”所处的层次，同时介绍一些可以帮助人们由角色深入到私我层次的具体方法。下一章则讨论由私我进入“人首马身”的层次，再下一章则由“人首马身”进入超越个人的层次，最后一章探讨一体意识。我们尽量使每一章具体而实用，包括：(1) 使读者对每一特定层次有一个总体的了解；(2) 使读者对每一层次有经验式的体会；(3) 介绍当今与这些层次相对应的治疗方法。这些章节的宗旨不是要专门讨论某个特定的意识层次，而是要让大家知道各个层次上有哪些治疗方法。要想持续地生活在有深度的意识层面上，需要进行深入的研究和学习。所以，我在每一章的末尾都推荐了一些关于某一层次的书目和治疗方法。

现在让我们从大部分人所处的困境，即角色层次开始。角色是或多或少扭曲的和贫乏的自我意象。当一个人试图否认自己的某些实际存在的倾向，例如愤怒、专断、性冲动、快乐、敌意、勇气、攻击性、冲动、兴趣等的时候，角色就产生了。这些倾向性并不会因为我们的否认而忽然消失。由于这些倾向是自己的，人们最多只能装作它们是别人的。是谁的都可以，只要不是自己的。所以，人们实际上并不能真正否认这些倾向的存在，只能否认它们属于自己。因此他真的相信，这些倾向都是属于“非我”的，都是敌对的、外部的。为了排除那些自己不想要的倾向，人们就压缩了自己的疆界。因而这些被异化的倾向性被投射出去成了阴影。人们只认同剩下的那一部分，就是那个狭隘、贫乏、被扭曲了的自我意象，他也就成了一个那样的人。这样一个新的疆界就出现了，一场对立双方之间的战斗便开始上演：角色对它自己的阴影。

阴影投射的本质很容易理解却不容易看清楚，因为它威胁到一些我们最珍视的幻觉。但不管怎么说，我们可以通过下面这个例子来理解，它的过程实际上并不怎么复杂。

杰克的车库杂乱不堪，他早就计划着要彻底清理清理。终于有那么一天，他下定决心要动手了。于是他穿上旧工作服，兴致勃勃地要打扫车库。此时，杰克强烈地意识到了自己的内驱力（drive）。当然他可能有点辛苦，但他心里愿意。可能他的心里也会有一点儿不怎么愿意去清理车库，但至少可以说“想”和“不想”两种力量对比是“想”的一方占上风。

想归想，真要去清理那杂乱不堪的车库却并不容易。所以真正面对它的时候杰克有点不知所措，心里开始打退堂鼓，但终究还是没有离开车库。他一会儿摸摸这里，一会儿摸摸那里。随便看一看旧杂志，玩一玩好久不用的棒球手套，胡思乱想一会儿，翻弄翻弄乱七八糟的东西。在这个时候，我们可以说杰克先前的那种内驱力开始变得模糊起来。但不管怎么说，清理车库的动力还有，否则他早就去干别的了。打扫与不打扫之间的力量对比还是倾向于前者。只不过他已经开始疏远了原来的那种内驱力，并且将其投射出去。

他的内驱力投射的过程是这样的：很明显，打扫车库一直是杰克的愿望，就像饥饿的人肚子在咕咕叫催促其去吃东西一样。由于打扫车库的内驱力一直存在，在杰克的内心深处一直有一个念头，是有什么人在让他清理车库，可是这个人究竟是谁，他却搞不清楚，于是他在车库里来回地磨蹭。渐渐地他对这个打扫车库的想法感到郁闷，随着时间的推延，他感到烦躁，火气也愈来愈大。他早已忘记了这个要他打扫车库的人本来就是他自己，现在急于找个对象来发泄怒气，所以急着想找个替罪羊。换句话说，他心里知道有个人在催着他清理车库，为此他感到十分烦躁，一心想找出那个人来。

就在这个时候无辜者出现了。他妻子伸进头来不经意地问一声：清理完了没有？顿时他便火冒三丈，大叫："别来烦我!"现在他感觉到，不是他而是他的妻子要他清理车库。这样，投射过程就完成了。本来是他自己想要清理车库，现在却变成了外界对他施加压力。

杰克开始感到妻子在催促他，实际上他所感到的是他自己想清理车库的内驱力，只不过他把这内驱力投射在妻子身上。杰克还可能会向她大吼，说他自己根本不想清理这个破车库，最好少来烦他。杰克如果实际上并没有清理车库的内驱力，他便会直截了当地说，他的主意改变了，过几天再说。可是他并没有这样，因为他内心知道，有个人一直要他清理车库，这人既然不是他，那就一定是别人。于是妻子成了最佳人选，她那么不合时宜地一露面，杰克正好把内驱力投射在她身上。

简而言之，杰克将自己的内驱力投射出去，从而体验到一种来自外部的驱动力。而这个由外而来的驱动力就是压力。实际上，当一个人将某种内驱力投射出去时，就会感到压力，因为内驱力开始从外部来压迫他。进一步说，这也是大多数人所难以理解的一个观点，所有的压力都是由你自己投射出去的内驱力。从上面的例子可以清楚地看到这一点。如果杰克本身没有清理车库的内驱力，他便不会感到来自妻子的压力。面对这种情境时，他也许会非常平静，会说："我今天不想做，"或说"我改变主意了。"可是他内心却感到一股催促的力量，这种力量实际上不是来自妻子，而是来自他自己的内心。没有这种内驱力，就没有压力；所有的压力实际上都是自己投射出去的内驱力。

那么，是不是如果杰克的妻子真的走进来，要杰克清理一下车库，情况就不同了呢？是不是就可以说这时杰克所感到的压力，是因为妻子的要求，而不是来自他自己的内心呢？也并非如此，那只不过给了杰克更方便的借口。由于她显示出同样的想法，所以作为杰克的投射目标就再好不过了，他更会迫不及待地将自己的内驱力投射到妻子身上。总之，他必须先有内驱力，并且急于投射出去，否则他不会具体地感到压力。其妻也许真的"逼"他去做事，但他不会真正感到这种压力，除非他自己也打算这么做并把它投射出来。他所感受到的，其实本是他自己的欲望的力量。

因此，针对这一层次的心理治疗师会为那些常常感到压力的人指出，那些压力的根源是他内在的驱动力和能量，只不过他自己没有意识到而已。如果他的内心没有某种内驱力，他根本不会介意所谓外在的压力。聪明人在感到来自上级、配偶、学校、友人、同事，甚至自己的孩子的种种压力时，就会把这种压力化为一种信号，提示自己有内驱力和能量此时没有得到关注。应该渐渐把“我感到有压力”理解为“我的内心有一股我尚未认识到的冲动”。压力一旦变成自己尚未察觉的内驱力，自己便有权做主了：是顺应这股冲动，还是暂时搁置？不论选择什么，自己都很清楚，这是自己的内驱力。

投射的基本机制其实就这么简单：某个冲动，包括内驱力、愤怒或欲望，产生于你自己内部，自然地瞄准于外部环境。当你将其投射出去后，它看上去反而成了外界对你而发的一股冲动。就好像掷回飞镖一般，你被自己所射出的能量击倒。你不再是受内心驱动而主动行动，而是迫于某种力量不得已而动。你既然置此冲动于自我与非我的疆界外，那么它自然站在外界那边与你为敌，而不是帮助你对付外部环境。

因此，我们可以看到阴影投射有两个主要后果：第一，当你把那阴影投射出去后，你会感到自己完全失去了投射出去的内驱力、特性及倾向；第二，它好像全跑到外界去了，并且出现在别人身上，也就是说：自我愈来愈弱，非我愈来愈强。但是正如这种状况令人不舒服一样，正在向外投射的这个人会强烈地为自己的错误观点辩护。当杰克向妻子大发雷霆时，你如果去劝解并告诉他，那压力其实是他自己的，他不揍你才怪。因为当事人急需证明他的投射千真万确地来自外部，是一种外部的压力。

大多数人都难以接受自己的阴影，不愿承认那冲动和特性原本属于他们自己。阻抗是投射的主要原因。一个人拒绝他的阴影，拒绝他自己身上不喜欢的方面，因此才将它们投射出去。因此，凡有投射，必隐藏着阻抗。阻抗有时候温和，有时候强烈，但它的运作在“抓坏蛋”（witch hunt）这一投射的最普遍的形式中非常清楚。

几乎所有人在一生的某个时间都见过、听说过，甚至参与过某种形式的“抓坏蛋”。这类事情荒诞可笑，但却显示了心理投射的悲剧以及人们对自己弱点的固执无知。同时，“抓坏蛋”提供了投射的真相的最清晰的实例，表明我们在对他人所做之事表示厌恶时，实际上是暗暗地厌恶自己内心也藏有同样的心理。

一旦人们忘记自己内心有邪恶、魔鬼或卑劣，便会向外追捕元凶。实际上，那些倾向也许是能够想象到的最不合理的东西——一点邪恶、卑鄙、流氓性。我们每个人都有阴暗的一面，但阴暗的一面不一定都是“坏”的一面，但我们多多少少都会有点黑心（例如，每人心中都多多少少有种盗窃的欲望），如果我们能接受它，反而增添了生活中酸甜苦辣的滋味。按照希伯来的传统观点，上帝在创造人的时候，就在人的内心撒下了任性、反复无常、颠三倒四的个性，以免人们活得过于无聊和厌烦。

那些抓坏蛋者一定相信自己是正人君子，其内心纯洁无瑕。不是他没有“黑心”，而是他这么认为，也希望别人这么认为，实际上是因为他见到自己的黑心而极其不安。他要拒绝它、否认它，拼命想消灭它，但它却顽强地躲在他的内心深处，不时吸引他的注意。它越想勾起他的注意，他就越排斥它；他越排斥它，它就变得越顽强，并进一步吸引他的注意力。最后，他不得不去面对它，可是面对的方法却是从别人的身上去寻找它。因为他肯定自己不可能有这样的黑心，它无疑是来自于他人，于是他开始去找出那个黑心的坏蛋，因为如果他找不到替罪羔羊，他就得自己承受它。由此可见，否认的心态乃是关键所在，如果他一味地否定自己的阴影，想尽办法维系自己的面子形象，他便会同样强烈地鄙视他的阴影所投射到的人。

这种“抓坏蛋”的把戏，有时会演变成历史上令人发指的暴行：纳粹党大规模地屠杀犹太人，塞勒姆巫师审判案[①]，三K党找黑人做代罪

① 1962年，美国马萨诸塞州塞勒姆镇一个牧师的女儿突然得了一种怪病。与她平素形影不离的7个女孩相继出现了同样的症状。人们普遍认为，让孩子们得了怪病的真正原因，是村里的3个女人，即黑奴蒂图巴，一个女乞丐，还有一个孤僻的从来不去教堂的老妇人。人们对这3名女人严刑逼供，先后有20多个“女巫”和“巫汉”死于这起冤案中，另有200多人被捕或遭到监禁。1992年，马萨诸塞州议会通过决议，宣布为300年前塞勒姆审巫风潮中的所有受害者恢复名誉。——译者注

羔羊等等。在这些情况中，迫害者对被迫害者所仇视不满的正是他们在自己身上所体现出来的野蛮和卑鄙。“抓坏蛋”有时也以非暴力的形式进行，例如，冷战时期人们对“每张床的下面都有共产党”的担心。有时，它则以滑稽的形式出现，如对每个人都搬弄是非、说长道短，其实显露的乃是搬弄是非者的心态，而不是被非议之人。这些例子不过显示出，人们拼命想维系自己的形象，证明他们的阴影原是别人的。

提起同性恋，不少人都会发表长篇大论，表白厌恶之情。可不管他们想表现得多么正经、多么充满理性，总会意识到自己对同性恋的嫌恶和愤怒的情绪，恨不得去呼吁终止同性恋者的民权（或者更离谱）。为什么他们会如此激越地痛恨同性恋呢？说来奇怪，一个人恨同性恋，不是因为他就是同性恋，而是因为他在同性恋的身上看到自己可能会成为同性恋的冲动，这才是他内心深处最惧怕的。他对自己天性中小小的同性恋倾向感到非常不舒服，因此将它们投射了出去，投到了那些确实是同性恋的人身上。他憎恨其他人身上的同性恋倾向——这仅仅是因为他首先憎恶自己身上的同性恋倾向。

“抓坏蛋”的把戏，有许多不同的表现形式。我们痛恨某些人，认为他们龌龊、愚蠢、变态、不道德……也许他们真是如此之坏，也许他们并非如此。这些都无关紧要，我们痛恨他们，原因是在我们不知道的潜意识中也拥有他们那些受人鄙视的特性。我们痛恨他们，因为他们不断提醒我们看到那些我们所不愿看到的弱点。

我们现在开始看到投射的重要标志了。在环境（人或事物）中，那些强烈影响我们而不是给我们提供信息的东西，通常就是我们自己的投射。那些使我们烦恼、不安、反感，或者在另一个极端，吸引、强迫、迷住我们的东西，通常都是阴影的反射而已。有个古老的谚语曾说：

我看了又看，
最后才看清，
原以为是你，
却是我自己。

对阴影有了这些基本的理解以后，我们现在可以继续探讨其他几种常见的投射。正如压力不过是自己投射出去的内驱力一样，责任是自己投射出去的愿望。如果你不愿承认你所做的事是出自你自己的愿望时，便会生出强烈的责任感。在家庭里，“我是为你好”这种责任感十分常见。父母感到有责任抚养子女，丈夫感到有责任照顾妻子，妻子则感到有责任照顾丈夫。到头来，在外人眼中多么愉悦的他们，逐渐都开始对责任十分反感。反感越来越强烈，他们便会忍不住要“抓坏蛋”，结果夫妇俩吵个不休，直到吵到婚姻辅导中心去。

一个人被各种各样的责任压得喘不过气来，这时其实是他自己把内心中想要做各种事情的愿望投射出去而已。这正是（在他对阴影的抵抗中）他不愿承认的。他的解释会与事实正好相反：之所以感到是一种责任，是因为他自己不想做。但这种说辞并不诚实，因为假如他真的没有帮忙的这种意愿的话，他根本就不会感到这是义务和责任，根本不会放在心上。并不是他不想帮忙，而是他有意帮忙，却又不肯承认。他有意帮忙，却把这意愿投射在你身上，好像是你非要他帮忙不可，由此可见，责任的压力并非来自他人，而是来自他自己不承认的那份情谊。

让我们再看另一种常见的投射心理。在公共场合，我们常常会有怯场的感觉，好像每一个人都在盯着你，让你感到十分不自在。有时在演讲、演出或者领奖时，在众目睽睽之下，会感到脑子一片空白。可是有一些人却从来没有这种在公共场合的恐惧。所以问题可能不在于环境，而是我们在此环境下的所作所为。根据许多心理治疗师的分析，我们不过是把自己对观众的关注，投射在观众身上，变成他们对自己的关注。我们不是主动地去看，而是感到被注视。我们把目光投向观众，他们对我们的正常的兴趣似乎就被放大了，大量的关注被集中在我们自己身上，他们观察我们的一举一动、每一个细微之处。自然，我们就不敢轻举妄动，待在那里，除非我们鼓起勇气，收回投射——去观察而不是感到被观察，去关注而不是被关注所击败。

同样，如果一个人把内在对外界的敌意投射出去，会有什么后果呢？他会感到周围的人毫无理由地跟他作对，会感到别人的怒气都冲着他来，他会变得害怕，甚至感到恐惧。但是这种恐惧不是由外界造成的，而是由他自己投射在外界的敌意造成的。因此，如果有人不知为什么害怕人群或者某一地方，通常就是他内在的愤怒和敌视的征兆，只是他本人尚未察觉而已。

与此类似，那些想寻求情感咨询的人们最共同的一个抱怨，就是他们感到自己受到排斥。他们觉得没有人喜欢自己，没有人关心自己，好像每一个人都对自己有强烈的非议。他们常会感到很不公平，因为他们基本上喜欢每一个人，从来不想排斥他们；反过来，他们会更加拼命地对别人表示友好，不挑剔别人。由此，我们又看到投射作用的两种鲜明对立：你自己是一身清白，别人却一身是错。但是连小孩都知道，“大家彼此彼此罢了”。总是觉得自己被排斥的人其实是从未察觉到自己内心有批评、排斥他人的倾向，这些倾向可能只是其人格特点中很小的方面，但是如果他没注意到这些倾向的话，他就必然把它们投射到他所见所知的每一个人身上，于是他原有的冲动变本加厉，使得整个世界都好像在对他张牙舞爪。

也许真的有些人对你有所非议，可是不至于令人难以承受，除非你在他们的非议之上，加上了你自己投射出去的敌意。因此，当你感到特别自卑或被排斥时，不妨检查一下自己的投射心理——这也许是明智之举，也许你自己对外界环境的不满，远比预料的还深。

至此，我们已清楚地看出，阴影的投射不只扭曲了外在的现实，也极大地改变了我们对自我的内在感受。当我们把某种情绪和特性投射为阴影时，我们仍然能感知到它们，只不过以一种扭曲的幻觉方式——它们都变成了来自外部的客体。同样，我们仍然能够继续感受到阴影，只不过以一种扭曲的伪装方式——一旦阴影被投射，我们只是把它感受为一种“症状”。

也就是说，我们将自己对他人的敌意投射出去后，便会情不自禁地感到他人才是充满敌意的来源，于是对他人产生一种无名的恐惧。原有的敌意成了我们投射的阴影，所以我们只能在别人身上“看到”它，而我们在自己身上感到的只有恐惧的症状。我们的阴影变成了自己的症状。

因此，我们把阴影投射出去后，自己并未得到自由。我们在自己的人格上并没有留下什么真空、空缺、空白，而是有了一种症状，令人苦恼地提醒我没有意识到自己的某些方面。而且阴影一旦变成了某种症状，我们就将与这种症状搏斗，就像以前与内在阴影对抗一样。当我们试图否认自己的倾向（阴影）时，这些倾向就会以症状的面目出现，我对症状的痛恨就像以前对阴影的痛恨那样。我可能会设法隐藏那些症状（惊恐、自卑、消沉、焦虑等），不让别人知道，就如同当初自己掩藏自己的阴影，不让自己知道那样。

所以，抑郁、焦虑、无聊或者恐惧等种种症状，都包含了某种阴影，某种投射的情绪、特质或者特性。不论这些症状多么令我们不舒服，我们都不应再拒绝、轻视、逃避它们，因为它们本身就包含了解决问题的钥匙。和症状搏斗就是和隐藏在症状中的阴影搏斗，正是这一点引发了各种问题。

这一层次的治疗方法，第一步就是为这些症状让出空间，不再逃避它们，与它们正面接触，与这些不舒服的情感和解。我们必须尽可能开放地接受它们、体验它们。这意味着允许自己感受消沉、焦虑、拒绝、无聊、伤害或尴尬等。这意味着我们以前千方百计所拒绝的感受，都让它们一一呈现出来，甚至主动鼓励它们出头。我们邀请这些症状回家，让它们自然而然地存在，我们只需保持觉醒即可。治疗的第一步就是这么简单，有些疗法甚至只要求这一点，当你接受症状之时，同时也就接受了隐藏在症状下的大部分阴影。这样，问题也就开始解决了。

如果症状还是没有消失，我们不妨进入角色层次治疗的第二步。它虽然也很简单，但需要时间以及耐心。我们只需把每一种症状都有意识地转化至其原有的形式。也许我们还须借助“表 7—1”的提示以及有关的心理学书籍才能做好这还原（translation）工作。第二步的基本原则很简单，任何症状都只是我们所未意识到的某种阴影的倾向的征兆而已。例如，你在工作当中感到极大的压力。这个症状只是一种征兆，显示出你工作的内驱力远比你自己意识到的或愿意承认的要大得多。也许你不愿意公开承认你真正的兴趣与愿望，所以你怪罪他们，你是为了“他们”的好处而“不得不”花大量的时间去工作。也许你希望借着这无私的奉献，得到更高的津贴。也许你根本就忘了自己的内驱力。但不论背后是何种原因，“压力”的症状明确地显示出你的愿望比你自己预想的更强。因此，你便可将此症状还原成其原有的形式，把“我不得不”变成“我想要”。

表 7—1　各种阴影症状的常见意义（一部把症状还原成其原有的阴影形式的字典）

症状　（还原至）	原有的阴影形式
压力	内驱力
受人排斥（没有人喜欢我）	我不想和他们打招呼
愧疚感（你使我有罪恶感）	我讨厌你的要求
焦虑	兴奋、激动
难为情（每个人都在注意我）	对别人的兴趣比我想象的更强
无能/冷淡	我无法满足他/她的需求
畏惧（他们有意害我）	敌意（我非常愤怒，想攻击别人，却无法意识到这些）
悲哀	愤怒
退缩	“我要把你们全赶走!”
我做不到	“我才不甘心呢!”
责任（我不得不）	欲望（我想要）
痛恨（我因某个缘故讨厌你）	自我嫌恶（我不喜欢自己内在的某些倾向）
嫉妒、羡慕（你真——棒）	我比自己想象中的还要好一点

“还原”是这个层次上的治疗的关键所在。例如，你无须制造内驱力来驱除那个压力感，或者去体验并不存在的内驱力，或者去想象拥有自己现在似乎还缺乏的内驱力。我的意思不是说你必须在工作中体会到内驱力和兴趣，然后可以消除压力。我是说如果你感到压力，那你所必须的内驱力早已存在，只不过被伪装成压力的症状而已。不需要去想象内驱力的出现，也不需要将它与压力感相提并论。这些压力感就是你所需要的内驱力。你只要用它们原有的、正确的名字——内驱力——称呼它们就行了。这只是简单的还原，而不是创造。

因此，症状本身并非坏事，因为它提供了成长的机会。它能不偏不倚地指向你潜意识中的阴影，它们是某种投射倾向的无误的信号，通过症状你可以看到阴影，通过阴影你可以看到成长，你的生命的疆界将得以扩展，你的自我意象也会更加准确且易于接受。简言之，你已由角色层次提升至私我层次了。它的过程就这么简单：

角色＋阴影＝私我

最后，我将扼要地介绍一下这一层次的心理治疗的重心所在。如果你撇开那些心理治疗师的术语，只是听他谈话的要旨，你会发现他们的说法有一个固定的套路：如果你说你爱你的母亲，他便会告诉你，你在下意识里其实非常恨她；如果你说你恨她，他便会说，你在下意识里很爱她。如果你说你心情烦闷得难以忍受，他会告诉你，是你甘愿如此；如果你说你很讨厌被人嘲弄，他会说，其实你心里正求之不得。如果你正兴致勃勃地参与宗教、政治或任何意识形态的运动，忙着劝化别人相信你的理想，他便会提醒你，你实际上并不相信这一套，你的参与只是为了说服你那怀疑的自我而已。反正你说是，他便说非；你说东，他就说西；你学猫叫，他就装狗叫；如果你告诉他，你一向讨厌心理学家，而且愈来愈肯定这一点，他则告诉你，你其实是个不得志的心理学家，心中既羡慕又嫉妒所有的心理治疗师。

这些话听起来有一些滑稽，但其实心理治疗师用这些相反的论调，不管他意识到没有，都是为针治你内心隐藏的对立。我们不妨回想一下本章所提供的几个例子，每位主角都只能觉察出对立的一边，他们不愿同时面对两边的感受，更难意识到这两极的感受其实只是一回事。既然对立双方缺一不可，如果你拒绝看一边，那一边便被压到潜意识下，然后被投射出去，由此你就在两极之间划下了一道对立的疆界，制造了冲突。这场内心的交战是永无赢家的，因为两边本来是一体的，不论哪一边输，全盘皆承受其苦。

阴影不过是你无意识里所隐藏的对立物。因此，面对阴影的一个简单的方法，就是接受你当前企图的、希望的、欲求的对立面，它正是你的阴影看待世界的样子，而且需要你友善地加以对待。这并不是建议你按照对立面行动，你只需要清清楚楚地意识到它的存在。如果你极其讨厌一个人，觉察一下你内心喜欢他的那一面的感受；如果你疯狂地爱上了某个人，则应觉察一下你的另外一面可能毫不在乎那个人。如果你讨厌某种感受或症状，可能在另一方面，你正以此为乐！只要你能真正地觉察出正负两面的感受，那件事或那个场合所引发的不安与焦虑就消失了，因为正负两边不再对立，冲突也就自然化解。反之，你如果忘却了这种对立的统一性，失去了对自身内部双方的意识，正负两边就会立刻针锋相对，建筑起两者的疆界，在无意识中把被拒绝的一极投射出去，它就会转变成某种症状来折磨你。对立双方原本是一体，是无意识的选择性的忽视的作用，才会造成这种分裂。

当你开始探索你的对立面、你的阴影以及投射时，你逐渐看出你与他人之间的紧张原来是出自你与自己所投射出去的阴影之间的冲突。各种让你感到不舒服的症状并不是外界要强加给你的，而是你想加诸于他人的企图又反射回你身上而已。你还会发现并不是那群人或那件事引起你的反感，你只是以他（它）们为借口来宣泄你对自己的反感而已。当你首次发现自己才是一切问题的始作俑者时，心理的压力会顿时减轻许多，因为你知道你可以随时中止这一切问题，只要将它们还原成原有的形式即可。这时你就成了自己感受的“因”，而不是“果”了。

本章的大意是，我们有意否定私我的某些部分，从而建立了一个错误的、扭曲的自我意象，这被称为“角色”。通常，我们在所喜欢的（角色）以及不喜欢的（阴影）那些部分之间划分疆界。同时我们也看清了，私我受排斥的部分（阴影）被投射“出去”，似乎存在于外界的环境中，使得我们的一生都得与阴影搏斗。角色与阴影的疆界变成角色与阴影的冲突，它们的冲突被感受为症状。我们痛恨这些症状，就和我们痛恨自己的阴影一般深。等我们将此阴影投射在他人身上时，我们便同样地痛恨别人，他们变成了那些问题的化身，成为我们搏斗的对象。于是这一层次的疆界便引发出各种形式的冲突内战。

我们必须全面发掘出那些一向被我们所忽略的自己的那一部分，才可能建立较正确的自我意象，从角色层次提升到私我层次。这些部分并不难找到，因为它们常以你的症状、投射和对立面的形式出现。收回投射只需撤销那道疆界，把那陌生的一面包容进来，给自己一些空间去认识并接受你各种内在的潜能，不论它们是正面的或负面的，好的或坏的，可爱的或可耻的，从而得出有关你的身心生命机体的相对精确的意象。撤去心中的疆界，重新规划你的心灵，化解内在的恩怨，化敌为友。最后，即使你发现自己并非是你所希望的样子，你仍然会觉得全部的你已经变得可爱了。

推荐阅读

虽然精神分析还是通向私我层次的经典方法（也就是说，帮助生活在角色层次的个人深入到私我层次），但这种治疗已经不在我所推荐的治疗方法之列，即使你能够有足够的金钱与时间。首先，现在已经有了至少同样有效的更快速的治疗方法；再者，分析本身经常扭曲从意识更深层次所自然产生的洞见，这就容易把心灵的深度还原成乏味的千篇一律的东西。但精神分析的理论对于理解私我、角色、阴影之间的动力作用还是非常重要的。对于刚刚入门的读者来说，应读一读卡尔文·霍尔（Calvin Hall）的《弗洛伊德心理学入门》（*A Primer of Freudian Psychology*，New York：Mentor，1973）。高层次的读者可以读弗洛伊德本人写的《精神分析引论》（*A General Introduction to Psychoanalysis*，New York：Pocket，1971）。想进一步深入研究的读者应该读奥托·费尼切尔（Otto Fenichel）的《神经症的精神分析理论》（*The Psychoanalytic Theory of Neurosis*，New York：Norton，1972）。

关于角色/私我层次的更新的著作，有威廉·格拉瑟（William Glasser）的《现实疗法》（*Reality Therapy*，New York：Harper，1965）；埃利斯（Ellis A.）和哈珀（Harper R.）的《理性生活新指南》（*A New Guide to Rational Living*，Hollywood：Wilshire Books，1975）；马尔茨（Maltz M.）的《心理控制论》（*Psychocybernetics*，Hollywood：Wilshire Books，1960）；霍尼·卡伦（Horney Karen）的《自我分析》（*Self-Analysis*，New York：Norton，1942）。霍尼在她的研究方法中有很明确的人首马身/整体的倾向，这使她的书同样适用于私我和人首马身层次；沃思曼（Werthman M.）的《自我激励》（*Self-Psyching*，Los Angeles：Tarcher，1978）简要地介绍了各种针对私我

层次治疗的技术；帕特尼夫妇（Putney and Putney）的《心理调整后的美国人》（*The Adjusted American*，New York：Harper，1966）是一本非常精彩的书，我在本章中引用了其中的很多例子，在此我也深表感激。格式塔心理学解决关于阴影的问题也同样有效，既然它还可以应用在人首马身层次，我在下一章的推荐中再介绍相关资料。

针对这一层次应该选择的治疗方法，至少在我看来，应该是交往分析（Transactional Analysis）。它保持了弗洛伊德的精华，却更加简单、清晰。这种方法在总体上承认了人类存在的深层可能性，所以不会过于破坏深层的洞见。在这方面请阅读哈里斯（Harris T.）的《我好，你也好》（*I'm OK—You're OK*，New York：Avon，1969），埃里克·伯恩（Eric Berne）的《人类的游戏》（*Games People Play*，New York；Grove，1967）和《你在打完招呼之后说什么?》（*What Do You Say After You Say Hello*? New York：Bantam，1974）。

第八章　人首马身层次

上一章我们已经谈到，通过面对和最终接纳投射出去的阴影，我们的认同可以由狭隘的角色扩展为相对健康的“私我”。我们可以弥合角色与阴影之间的裂痕，消除那道疆界，建立更博大、更稳定的自我认同感。这就好像是从一间拥挤的公寓搬进了舒适的住房。在这一章，我们将由舒适的住房再搬到宽敞的别墅。我们还将继续化解疆界的基本过程，但层次更深，通过重新接纳投射出去的身体，探索一些扩展从私我（以及与之相应的世界观）到人首马身的认同的方法。

对很多人而言，“重新接纳身体”这个想法闻所未闻。私我与肉身之间的疆界在普通人的潜意识中根深蒂固，要他们弥合这个鸿沟，他们会感到困惑和厌烦。他们已经相信身心之间的疆界是真实的而且不可改变，因此很难理解竟然有人要对它做什么干预，更不用说要把它消除。

身体与心智分裂以后，很少有人会失去他的心智，但大多数人却失去了身体而不能自主。我驾驭着我的身体，就像骑手骑在马背上，我不是鞭打它，就是赞美它；必要时，我会清洗、喂食、照料它。我们从不征求它的同意，便催促它向前；也不管它愿意与否，便拉紧缰绳，迫使它止步。如果这做牛做马的身体表现正常，我通常会把它搁在一边；如果它任性，我就拿出鞭子，叫它乖乖就范。

实际上，好像我的身体在任我摆布。我不是与我的身体共同面对世界，而是骑在它身上面对世界。我高高在上，身体低低在下。让我不舒服的是，我并不太了解下面这个身体是什么。我的意识几乎只属于头脑——我就是我的头脑，而身体只是我所拥有的东西。身体由自我降格为附属的财产，它是“我的”，却不是“我”。简而言之，和阴影一样，身体成了客体，或者成了一种投射。整个有机生命的整体中间立起了一道疆界，身体被投射出去，成为非我。这道疆界是一种割裂，是一道裂沟，或者用亚历山大·洛温（Alexander Lowen）的话说，是一道障碍（block）："这道障碍还把心的世界从身的世界中分割、孤立出来。虽然意识告诉我们两者相互作用，但有了这道坎儿，我们的意识就不够深，感觉不到两者在根基上的一体性。实际上，这一障碍割裂了人格的统一性。它不但切断了心与身的关联，还将表面的现象与它们在有机体中的深层根源分离开来"。

这一章最关心的问题，就是有机生命整体人首马身的分裂过程，失去身体只能算是其中最明显的一个表现而已。身体的丧失与人首马身（"基本的一体"，the underlying unity）的分裂并非一对绝对精确的同义词，身体的丧失只不过是这种分裂所采取的众多表现之一而已。因为失去身体的现象最容易理解、最容易交流，所以本章集中讨论这一现象。但请记住，我并不是说身体本身——生理的躯体，是比心智的私我更有深度的实在。实际上，我觉得身体本身是所有的意识模式中最低的，太简单了，本书都没有单独讨论。与很多人体学家那种看法不同，身体并不是比私我更深的实在，但是身体与私我的整合体的确是比二者中的任何一个都更深的实在。这一章主要强调这个整合体，尽管为了实用的目的，我们将对身体和身体的练习进行详细说明。

我们舍弃身体，也不敢接纳身体的原因很多，这一点应该可以想象。其中有一些我们在进化谱系的讨论中已经列出来了。从较浅的层次上来看，我们之所以不去接纳身体是因为我们觉得没有这个必要——似乎是叠床架屋，多此一举。从较深的层次上看，我们之所以不敢接纳身体是因为它承载着最鲜活的情绪和感觉，而这些往往有社会禁忌。最后，从终极意义上看，我们之所以不敢面对身体，是因为身体正是死亡的寓所。

由于以上这些原因以及其他更多的原因，所谓"适应良好"的人早就将身体投射为"外边的客体"，或者说是"下面的客体"。人首马身已被抛弃了。人们只与"私我"产生心理认同，把身体看成敌人。

我们知道所有的投射作用都会带来类似的害处，身体的这种异化会转过身来纠缠折磨我们，耗尽自己的精力。由于私我被驱赶到非我疆界的那一边，既然不再是朋友，便成了敌人。私我与身体的摩擦和战争也就开始了。

任何一条疆界的建立都意味着两边树敌，在私我与身体之间也一样。这条疆界引起各种对峙，体内的自主机能与非自主机能便是最明显的例子。私我似乎坐在控制、操纵的宝座上，主动指挥身体活动。事实上，私我只能与可以控制的机能认同，而身体基本上却是由复杂而巧妙的无意识的机能所构成的，例如，血液循环、消化作用、成长与分化、新陈代谢等等。不信的话，反省一下人们形容自己体内的活动时所用的字眼，就可看出。人们会说："我动了动手"，不会说："我跳我的心"；人们会说："我吃食物"，不会说："我消化食物"；人们会说："我闭上眼睛"，不会说："我长头发"；人们会说："我动了动脚指头"，不会说："我循环血液"。

换句话说，他就是私我，只会和那些可以控制的机能认同，而剩下的那些自发的无意识的机能，则看成不可信任的非我，这不是很奇怪吗？你承认自己的一部分是自己，称那一半的可控制的机能为自己，那么另外一半又是谁的呢？

就这样，私我常感到被困在顽劣不驯的身体内，受尽折磨。难怪他会开始渴望挣脱肉体，不论是现在或是死后，希望心灵能掌管一切，不再受脆弱的肉体所束缚，羽化升天，这也难怪人们常常把肉体与罪恶联系到一起。

私我最难忍受的，就是肉体会感到疼痛。鲜活的组织和神经非常敏感，会感受痛，会生病——这足以使私我感到恐怖，它会想尽办法逃避，麻痹、冻结身体的感觉，使痛感降到最低。私我虽然无法控制身体他律机能的活动，却能够减少对身体的知觉，变得麻木不仁，这也就是奥罗宾多（Aurobindo）所谓的"致命一击"（vital shock），正是由于肉体的脆弱以及必然腐朽使觉知受到了打击，产生了反作用，使肌肉麻痹，觉知被扭曲。

但是，我们也为麻醉身体付出了高昂的代价。身体虽然是痛苦的根源，但同时也是快乐的源泉。当私我阻断痛苦源头的时候，同时也就扼杀了快乐之源。不再有痛苦，也不再有快乐。

很多人冻结（freeze）了自己的身体，却不明白冻结究竟意味着什么。他们甚至都不知道自己被冻结了。这有点像受到冻伤的人，由于受伤的部分已失去了感觉，那一部分已经麻痹，他什么也感觉不出，全然若无其事。

“致命一击”所带来的就是普遍的麻木不仁，我们从身体中的退缩，破坏了“人首马身”的统一性，也伤害了私我的健全。一旦我们只与“私我”认同，从定义上看，那你的自我就不再包括生命机体的自发过程了。此刻我们虽然已经由角色层次扩展到私我的层次，还是难免有一种没有根基的感觉，缺乏深度的感官感觉，没有内在觉察和感觉注意的源头。于是，让我们继续向深度进展，放下对私我的狭隘的认同，去发现那可以感觉到的身心合一的机体。对于那些在这一层次做治疗的治疗师来说，这意味着去重新发现真实的、存在性的自我。

我们将设法化解心智与身体之间的疆界，从我们存在的深处去重新认识所有对立者原本为一体。亚历山大·洛温曾说：“依靠身体内能量过程的知识，并不能战胜这种分裂，知识本身是表面现象，没有超出私我的范围。我们必须具体地体验到身体的活动，切身体会到它的流动。想要如此，我们必须首先放弃私我的僵化控制，让身体深处的感觉能够显现出来。”

说起来十分简单，但当我们试图与身体接触的时候，才发觉非常困难。我们并没有真正感觉到自己的腿、胃或肩膀，只是习惯性地想自己的腿、胃和肩膀。我们在心中勾勒出它们的形态，却避免直接给它们以感受—注意。这种习惯便是当初隔离身体的机制之一。因此应该特别注意这种将感受概念化的倾向，努力将其悬置，哪怕就一小会儿，悬置这种将感受—注意转化为思维或图像的习惯。

有一种方法可以与我们的身体连接，就是仰卧在地毯或席垫上，四肢自然伸展，闭上眼睛，放松并进行深呼吸，逐步察觉身体的感受。不要试图去感受任何东西，不要勉强，只是让注意力在身上流动，看看身上各个不同部位是否有一些好或是不好的感觉。例如，你能感受到你的大腿吗？你能够感受到你的肠胃吗？你能够感受到你的心脏吗？你能够感受到你的眼睛吗？你能够感受到你的性器官吗？你能够感受到你的臀部吗？你能够感受到你的头皮吗？你能够感受到你的横膈膜吗？你能够感受到你的脚吗？请注意一下，哪些部位的感觉比较强烈、活跃，哪些部位的感觉比较迟钝、沉重、紧张或痛苦呢？试验三分钟，你就会发觉，你的注意力常常会离开身体，去做白日梦。难道你不会感到奇怪，为什么连三分钟都无法停留在自己的身上？如果你不在身体之内，那么又在哪里呢？

做了这初步的实验以后，就可以继续下一步：仍然保持仰卧的姿势，双臂平置在身边，大腿略为分开，闭上眼睛，让呼吸变得缓慢而深沉，将气息由喉咙吸降至腹部，使身体的上腹部充满空气。你可以把整个胸腹部想成一只气球，每吸一口气，气球就开始充气，缓缓地让腹部鼓胀起来。如果你的腹部感觉不出任何膨胀的张力，就继续充气，使它扩展至那些部位，然后平缓地呼气，使气球内的气体完全放空。这样反复做七八次，尽量使气球保持平缓而稳定的压力，鼓胀腹部，一直到骨盆。特别关注一下那些感到紧缩、酸痛或麻木的区域。

你能够感到整个充气的部位是一个整体，还是分开的好几个部分？在你的胸部、腹部、骨盆之间是否有些紧缩或酸痛的区域把这几个部分隔开？除了一些微弱的不适应以外，你会发现当气扩展时，会带来某种温和的快感及喜悦。你就像吸进了快感，整个身心都笼罩着一种光明。当你呼气时，并没有失去那些气，反而使那快感游遍全身，身心微妙舒适的感觉随着呼吸而愈加充满。你如果不信，不妨再做几个深呼吸，体会一下那种舒服的感觉。

也许你开始理解，瑜伽修炼者为什么会称呼吸为生命力——这不是什么哲学思想，而是真实的体验。吸气时，你吸入生命力，由喉咙降至腹部，为身体注入生机与活力；呼气时，你又将生机以及微妙的愉悦和快感扩散至整个身心。

你可以把这气球式的呼吸从喉部移至腹部肚脐下的丹田位置（navel-abdomen，“the hara”）。当你吸气的时候，将丹田注满此生命力。当你呼气的时候，尝试感觉那股生命力由丹田向全身扩散。呼气时，观察这气息可以渗透至多深的地方。这活力能够达到腿部吗？能达到膝部、脚部吗？迟早它将扩展到每个脚指尖。再做几个深呼吸，看看这股活力能否向上扩展至你的手臂、指尖、头部、脑袋？当你呼气的时候，将那种温和的愉悦之感通过全身，向外在世界扩散，使自己的呼吸由身体扩展至无限。

把以上概括起来，我们将看到一个完整的呼吸循环：吸气时，将气由喉部沉至丹田，使其注满生命力；呼气时，将温和的快感渗透整个身心，扩展至世界、宇宙、无限……当这个循环能够做得很完满时，你就可以将思绪溶解入呼气，融化于无限之中。同样，你也可以化解自己的沮丧、病痛或任何痛苦，让每一瞬间的感受—注意透过身体，向无限扩散。

现在，我们再具体地讨论一下这种练习的有关问题。想要让那舒适的生命快感和感受—注意遍布全身心并不容易。在呼吸的过程中，你会发现某些部位完全没有感觉，或者一只手死气沉沉的、毫无知觉，另外一只手却感到紧缩、疼痛。也就是说，那感受—注意之流受到许多阻碍（许多小小的疆界）。很多人常在颈部、眼睛、肛门、横膈膜、肩膀、脊椎骨下端感到紧缩以及疼痛；在骨盆、性器官、心脏、腹部下端或者四肢上则有麻木的感觉。应该尽可能地找出自己特殊的阻碍之处，但不用急着消除它们，这样并不能使它们消失，反而会更加严重。明白它们所在的地方，记在心里即可。

等我们逐一觉察出自己的阻碍后，就可以开始化解它们了。首先需要考虑这些阻碍以及内在的阻抗究竟意味着什么。我们的身体所感到的紧张、压力究竟是怎么一回事。我们已经讨论过，位于私我层次上的人会否定他们是这些情绪或冲动的主人，抗拒或者躲避它们。通过私我的投射机制，人们可以阻止自己感知阴影。如果我们自己心中有怒气，我们会否定这是自己的怒气，而将其投射出去，结果感到整个世界都在欺负自己，这样我们又会感到焦虑和恐惧。也就是说，投射愤怒的后果，是承受焦虑和恐惧。

当我们把那愤怒投射出去时，身体上会产生什么变化？从心理的角度看，这是一个投射，但身体也必然会有变化，因为身心原为一体。当我们压抑那股愤怒时，身体有何反应？在身体的层面，你是如何压抑那种一直在寻找发泄渠道的强烈情绪的呢？

当我们非常愤怒和生气的时候，我们会很自然地握紧拳头，用力挥舞，大喊大叫，想把怒气发泄出去。这些肌肉动作就是愤怒的本质。如果我们想压抑敌意，就只能去压抑这些发泄性的肌肉动作。换句话说，我们必须用肌肉把这股拼命想向外发泄的肌肉运动动作控制住。也就是说，我们用某部分的肌肉抵消另一部分的肌肉活动，于是就展开了一场自身的肌肉大战。一部分肌肉急着想通过击打来发泄愤怒，另外一部分肌肉则急着要制止它。这就好像我们在开车的时候，一只脚踩着油门，另外一只脚又踩着刹车。双方僵持不下，汽油在不断消耗，车却原地不动。

如果我们想压抑自己的怒气，通常会紧缩脸颊、颈部、双肩以及臂膀的肌肉。这是我们能够有效地控制敌意的唯一的身体方式。我们已经看到，这些被压抑的敌意通常作为恐惧浮现在意识之中。我们再感到非理性的恐惧时，可以注意一下，自己的整个肩膀都会向内收缩，同时向上拱起，这是你压制怒气，因而感到畏惧的征兆。但自己的肩膀却不会有向外攻击的冲动，我们也不会再感到那股怒气，我们只会感觉到压力、紧张，觉得肩膀又紧又痛。我们身体内的障碍就是这样产生的。

我们用做呼吸练习的方法，就可以查出这些阻滞所处的位置。我们体内的每个阻滞，每一种紧张和压力，基本上都是因为某些禁忌的冲动和情感受到压抑而产生的肌肉状态。这些阻滞所具有的肌肉性质极为重要，我们很快还将进一步讨论。此刻我们只需了解，这些阻滞和肌肉紧张感就是两股肌肉在小小疆界的地方打架的结果。一股肌肉要释放这种冲动，另一股则要抑制这种冲动。这是一种主动的抑制或阻止。我们实际上是在身体的某些部分压制了我们自己，没有让这些部分的冲动表达出去。

如果我们感到眼睛周围很沉重，也许是我们在压抑想要哭的冲动。如果我们感到太阳穴紧痛，可能是我们一直紧咬牙关，避免尖叫、大喊，甚至是大笑。如果我们的肩膀或者颈部酸痛，意味着我们在压抑内心的愤怒；我们横膈膜处的酸痛，意味着我们常为了控制情绪或者感情一注意而屏住自己的呼吸（在任何自我控制的行为中，人们都会屏住呼吸）；我们的下腹或骨盆部位的收紧，表示我们有意阻止自己对性欲方面的感觉，所以我们使它僵化，不让呼吸的生命力或能量通过那些部位。无论是因为什么原因，如果这种事情发生了，你会连同下肢的多数感觉都一并封死。下肢的紧痛、僵硬或虚弱无力通常是一种不扎实、不安稳和不平衡的征兆。

因此，要想了解某种障碍所具有的一般意义，最简单的方法便是注意它所发生的部位。特定部位宣泄特定的情绪。你大概不会用脚去喊叫，用膝盖去哭，用肘部体会性高潮。通过障碍发生的部位，我们不难找出相关的压抑情绪。在这个方面亚历山大·洛温和斯坦利·凯莱曼（Stanley Keleman）的研究提供了很好的指导（参考本章末尾所列参考文献）。

如果我们已经或多或少地了解到这些障碍的所在，便可继续做下面这些有趣的练习，开始去化解那些障碍。尽管过程很简单，练习也不难，可是要想取得真正的成果，却需要有坚持不懈的努力和耐心。要知道，每道障碍也许费了你 15 年的时间才建立起来，你不该期望修炼 15 分钟后，它就会完全消失。所有的疆界，都需要花费不少时间才能彻底从觉知中消除。

如果我们曾经试过消除那些障碍，我们就会意识到，不论我们多么努力地想让自己轻松以消除这些障碍，但最多只能产生几分钟的功效。一旦我们忘记了那些有意的松弛，原有的紧张（在颈部、背部、胸部，等等）就会卷土重来。有些部位根本丝毫不肯放松。然而，在解决这些障碍所引起的紧张时，使用的习惯性方法就是进行有意识的放松，这是一种很无效的尝试，而且这种方法本身就自相矛盾，还耗费了极大的努力。

换句话说，看起来这些障碍是未经同意就发生在我们身上的，它们完全是不由自主、不请自来的；而我们多么像饱受它们折磨的无辜受害者。那么，我们来看一下到底是什么在支持这些不速之客，让它们可以长时间滞留。

首先，正如前面已经提到的那样，这些障碍都是发生在肌肉上的。它们是某个部位肌肉群的收缩、绷紧、紧缩所造成的。这些肌肉都是骨骼肌，都受我们自主控制。我们使用这些肌肉举手投足、行走跳跃、进食咀嚼、拳打脚踢等等，也正是这些肌肉在每个身体障碍中起作用。

由此可见，这些障碍虽然看起来好像身不由己，实际上仍然受我们自主控制，它们也并非平白无故地找我们的麻烦，它们全由我们控制。简言之，既然障碍是在可控的肌肉中形成的，那么只剩下一种可能，就是我们在故意、有意、自愿地制造出这些障碍。

然而，相当奇怪的是，我们竟然不知道是我们造成了这些障碍。当我们正在收缩这些肌肉时，尽管我们知道肌肉变得很紧张，却感觉不到是我们在拉紧它们。等拉出毛病以后，想放松已经来不及了，因为是我们在让它收缩而自己却没意识到。看起来，似乎这些障碍是它们自己形成的（像所有其他的潜意识过程一样），于是我们被那些“无法”控制的力量打垮，自己却毫无办法。

整个情况就像是这样：我故意掐自己，却忘了是自己在掐自己，只是一直困惑，为什么它会疼痛不已。所有身体肌肉的紧张，都是自己暗中在“掐”自己。所以问题不是“我应该怎样放松身体的紧张?”，而是“我应该如何看出那紧张疼痛原来是我自己制造出来的”。如果我们不知道自己正在掐自己，而请求别人为自己止痛，又有什么用呢？询问如何不再掐自己，其实就意味着掐你自己的不是你。另一方面，只有当你意识到是自己在掐自己时，你才会自然而然地停止，用不着再去请教别人如何停止，如同不用让别人教你如何举手一样，它们都是有意的行为。

所以，问题的关键就在于需要设法觉察到自己是怎样使这些肌肉紧张的。因此我们最应避免的就是刻意的放松，而只需按照原来的次序，采取相反的方向就可以了。以前我们大概做梦也不会想到这种化解办法：应该有意识地加强某一部位的紧张，使自己掐自己的潜意识行为浮现到意识层面上来，让自己体会自己原来是如何伤害自己的。这种感觉越深入，就越能将肌肉冲突的能量释放出来，将其转向外部环境而不再针对自己。我们可以把那股精力发泄在工作上、书本上或者美味上，重新领会“向前进”的正确含义，而不再是压迫自己，伤害自己。

化解障碍的第二点也非常重要。我们已经知道，化解的第一点就是故意加强肌肉的紧张压力，使得潜意识的肌肉拉紧这一动作进入意识。我们不应忘记，这些紧张障碍有一种意义重大的功能，它们是为了制止那些潜藏在内心的、曾经被认为是危险的或者不可接受的禁忌的情绪和冲动。这些障碍曾经是，现在仍旧是针对某些特定情绪的阻抗。要永远消除这些障碍，我们就需要打开心扉去面对藏匿在疼痛肌肉下的那些情绪。

在这里应该强调，那些“深藏的感觉”不一定就是贪得无厌、疯狂的要求，更不是什么杀父母、儿女的恶行。它们通常都相当含蓄，但由于酝酿已久，已经相当曲折和复杂。封锁线的撤除，会使你痛哭一场、吼叫几声、发一下脾气，甚至还需要对着沙袋拳打脚踢。（即使是一些相当强烈的负面情绪——某种暴怒——的爆发，也不必引起很大的恐慌，因为它们在人格中并不占很大部分。）让这些负面情绪发泄出来，即使是完全的暴怒也没有关系，因为它在我们的人格中只占极少的部分。演话剧时跑龙套的小角色一上场，观众的眼光也都会注意着他，即使他只是剧中无足轻重的角色。同样，当负面情绪出现在意识中时，尽管只是我们情绪的一部分，但它仍会引起我们的注意。与其让它在后台捣乱，还不如干脆让它上场。

无论如何，当我们开始有意去拉紧身体各个不同障碍所在的肌肉时，这种情绪的释放，某种内藏情绪的爆发，就会自动发生。就在你故意拉紧肌肉时，你会记起你这样做所要排斥的是什么。例如，如果你看到一个朋友快哭了，就说：“快想办法，忍住别哭！”他反而会痛哭一场，因为他原本想压抑生理的自然反应，经你一提醒，使他意识到自己隐藏的愿望时，那情绪就无处藏身了。同样，当你故意加强这些障碍并控制它们时，那深藏的情绪就浮出表面并展示它们了。

修炼身体的觉知可以按照下面的程序进行：先找出身体某部位的障碍（例如，下巴、喉咙或者太阳穴的一种紧张感），深深地去体会它，感受那个部位所承受的压力以及相关肌肉部位，然后慢慢有意地去加强那种紧张感（在这个例子中需要同时收紧喉咙的肌肉和咬紧牙关），并且提醒自己，我们不只是紧缩肌肉而已，而是有意抑制某个东西，我们甚至可以对自己反复讲（如果下巴不需收紧，可大声说出来）：“不！我不要！我反对！”使我们的那一个部位好像真的是在掐住自己，来阻止某种情绪。然后，我们就可以慢慢放松肌肉，与此同时，放开自己，不论任何感觉，都让它流露出来。在这个时候，我们可能会想哭、想大骂、想吐、想笑或者想叫喊。我们甚至在原来有障碍的地方感到令人愉悦的光热感。完全释放障碍的情绪需要时间、努力、坦荡、诚意。对于比较顽固的症结，有时候需要一个月，每天约 15 分钟，才能有所收获。只有当你的感受一注意畅通无阻地流过那个部位，向无限的外界扩展开时，障碍才算打通了。

当我们的心智与身体、自律机能与他律机能、有意和自发之间的分裂愈合之后，我们对自我和现实的感觉就会发生重要的变化。我们可以感觉到不由我们做主的那一部分身体也是我们自己，从此，对于我们无法操纵的东西，也比较能够顺其自然。此时我们会对更深的自我更有信心，并能超越肤浅的意愿和私我的征兆。我们还会发现，为了接受自己，我们并不需要把自己控制住。实际上，我们深层的自我，也就是我们的人首马身，本来就不是我们所能控制的，它既是自主的也是潜意识的，都是我们的展现，都是完全可以被接受的。

再进一步，接受我们自己的自主和不自主的两个方面，我们就不再成为我们身体和那些不自主、自发过程的受害者，反而会对身体发展出一种责任感来。这种责任感并不意味着我们要处处有意地去控制所有事情并为之负责，而是自己对自己的感受负责，不再需要怪罪或感谢任何人。毕竟我们就是所有自主以及不自主的身心活动的终极来源，不是它们的被动受害者。

接纳不自主的那一部分作为我们自己，并不意味着我们就能够控制那种不自主。我们不能够使自己的头发长得更快、停止胃部的蠕动，甚至使血液倒流。我们只是把这些不自主的过程和自主的过程同等对待，放弃这种漫长而毫无成果的努力，即放弃自己做造物者，放弃对我们自己刻意的操纵与控制。这看起来很奇妙，这种醒悟会带来一种扩大的自由感。我们原来任性的私我一次最多只能有意识地处理两三件事，但我们的有机生命体，不需私我帮助，却可以同时进行百万种过程的协调，从复杂的消化机能到神经传递系统，到知觉信息的协调，等等。它所需要的智慧，绝对超过私我经常炫耀的那一些把戏。我们越能够安驻于人首马身的和谐状态，就越能够将生活建立在自然智慧和自由之上，并为之献身。

我们每天所面对的大多数困难，都来源于我们试图控制和操纵的原本可以和谐运转的机体过程。如果不是私我在起阻碍作用，这些过程机体本身能够处理得很好。例如，私我误导我们尝试制造生活中的快乐和喜悦。当我们感到此刻缺少了生活的快乐感时，我们就在周围堆满精致的玩具以及各种小东西来制造快乐。这会加强“快乐可以从外引入”的错觉。这种错觉阻碍了快乐，结果，我们所追求的最终却是阻碍了自身快乐的东西。

要想回归人首马身的境界，我们就必须意识到身心健康感本来就在我们身心的机体中流动。布莱克（Blake）早已说过：“活力本身即永恒的喜悦，它是由身体涌出的。”这种喜悦不依赖外在的奖励或许诺，而是现在这一刻由内向外所涌现出的生命赠礼。然而，私我常活在时间的限制中，伸长脖子期望未来，心里却又为过去的失落而哀伤。人首马身则经常活在具体的当下，流动的、具体的当下，不纠缠过去，也不空想未来，圆满地活在这现在的一刻。虽然这还不是“永恒的现在”，但它却是朝正确方向迈出的一步。培养人首马身的觉知就是治疗“未来恐惧”的最好药方。

我们不但要学习接纳自主与不自主的身心活动，还要在更深的层次上看出它们的统一性，它们都是人首马身自发的活动。我们只知道不自主的那一面是自然发生的，却不知道其实意志以及有目的的行为也都是自然发生的。例如，在意志行为的背后是什么？是另一个意愿？是我愿意做出那个意愿呢，还是意愿自然就产生了？当我做出某个决定的时候，是我"决定"要这样"决定"，还是我就很自然地这样"决定"了呢？实际上，即使是自主的、有目的的行为，仍然属于人首马身的自然发生状态，自主与不自主的活动在人首马身内融合为一。从此自我便能在这个深度内，正如库马拉斯瓦米（Coomaraswamy）所说，"活在永恒无际的现在之中"。

任何在这一层次上的治疗的最重要的结果，都是微妙而普遍地改变一个人的觉知，恢复人首马身的状态，发现原初对它的认同。但这一潜能并不是私我和身体的潜能的简单相加，而是一种身心整体的潜能，这要远远超过部分潜能的总合。用罗洛·梅（Rollo May）的话说："私我也好，身体也好，甚至潜意识也好，都不可能是'自治的'，它们都属于整体的一部分。不论是你的意志或是自由，都是建立在那整体上的。"不同的学派对于这整体所开发出来的潜能有不同的称谓，马斯洛、戈尔茨坦（Goldstein）称之为"自我实现"，弗罗姆（Fromm）、里兹曼（Riesman）称之为"自治性"（autonomy），罗洛·梅则称之为"生命的意义"。人首马身层次乃是存在主义和人本主义治疗所要达到的、人类潜能运动的目标。它们基本上一致同意：要发挥人性的潜能，必须将心智、身体以及情绪等整合进一个更深、更广的整体中。

我不能够在这里详细地介绍"自我实现"的丰富内涵，只引用马斯洛的一段话，它不仅指出了什么是自我实现，还指出了不能够自我实现时的后果：

> 我们每个人都有发展更多的潜能、迈向自我实现或圆满人生的渴望。这股冲动促使我们建立更真实、更进化、更圆满的自我……而且身心整合的需求会与日俱增。如果我们能化解二元对立，使之融入更高、更具包容性的整体，自然就会治愈人格上的分裂，使之更为和谐统一。这是追求完美的冲动，也正是你能够实现的完美。

假如你故意不去实现你能够实现的完美，那么我要警告你，你的后半生将不会幸福。

马斯洛指出，自我实现与人生的意义是紧密相连的。正因为如此，人首马身以及存在主义的治疗也同样深刻地关注生命的基本意义，一种超越私我的意义。一旦我们已经发展出了较为健全而且真实的私我，接下来要做什么呢？一旦我们满足了私我的期望，有了房子、车子，有了自尊、财富、名声、地位后，接下来要做什么呢？当历史对人类失去意义时，外在世界的物质追求也平淡无奇，当大限来临、死亡开始默默地等着我们之时，又会怎样呢？

要想发现人生中私我的意义，就得在生活中有一番合适的作为。但超越私我，还需要超越这层意义，趋向更少刻意地做而更多地按照存在本身活出大我。诚如美国诗人卡明思（e. e. cummings）所言："能够活出大自在，便自由自在地活；否则，振奋起来去管他人的闲事，做点好事，找点麻烦，直到自己倒下。"

发现生命中人首马身的根本意义，就是发现生命这个过程本身就能产生快乐。意义不是来自外在的作为或财富，而是你自身存在所发出的光与热，意义就在于把我们的光和热传向世界、传给友人、传给所有人类、传给浩瀚的无限。

要找到生命的真实意义，我们必须接纳死亡为生命的一部分，与无常友好相处，在每一次呼气中让身心化为空（emptiness）。如果我们能够在每一次呼气时都彻底地死亡，我们就能够在每一次的吸气中获得重生。如果我们想逃避每一刹那的死亡及无常，我们也就同样地逃避了生命的每一刹那，因为生与死本是同样的事情。

总而言之，人首马身的层次是关注自我实现（self-actualization）、生命的意义、生死与存在的问题的家园。为了解决所有这些问题，我们需要有全身心的觉知，以及充盈整个身心的、使整个身心存在得到完全利用的感受—注意。当我们能够认同私我和身体时，我们就已经把私我和身体放在新的语境中以改变它们。私我能够向下深入到它的大地，这是它的根基和支持。身体则能够向天空延伸，这是空间和光明。两者之间的疆界和冲突不复存在，它们的对立消融为更深的一体。这样，我们第一次能够用身体表达心智，用心智来关注身体。

推荐阅读

关于人首马身/存在主义的层次的各个方面都有许多好书。我尤其要推荐的是罗洛·梅的《爱与意志》(*Love and Will*, New York: Norton, 1969)；卡尔·罗杰斯（Carl Rogers）的《论人的成长》(*On Becoming a Person*, Boston: Houghton Mifflin, 1961)；欧内斯特·贝克尔（Ernest Becker）的《拒绝死亡》（*The Denial of Death*, New York: Free Press, 1973)。

针对人首马身层次的治疗也有三四种是非常杰出的。其中之一就是历史悠久的瑜伽功，它简单、有效，易于个人练习。参见斯瓦米·毗湿奴·帝维南达[①]所著的《瑜伽图解全书》(*Complete Illustrated Book of Yoga*, New York : Pocket, 1972）和布巴·弗里·约翰（Bubba Free John）的《意识练习和超越的太阳》(*Conscious Exercise and the Transcendental Sun*, San Francisco: Dawn Horse, 1977)。

格式塔治疗也是非常优秀的方法，而且理论更加健全。请参阅皮尔斯（Perls)、古德曼（Goodman）和赫弗林（Hefferline）的《格式塔治疗》(*Gestalt Therapy*, New York: Delta, 1951）和弗里茨·皮尔斯的《格式塔治疗的真意》(*Gestalt Therapy Verbatim*, Lafayette: Real People Press, 1969)。前一本尤其值得一读，它不仅是格式塔治疗的经典理论阐述，还是进行自我练习的练习手册。

简德林（E. T. Gendlin）的《聚焦》（*Focusing*, New York: Everest House, 1979）对颇有影响力的体验治疗学派（school of experiential therapy）进行了重要阐述，这个学派强调“进行中的心理生理流”。马斯洛的著作也是非常重要的，但有鉴于马斯洛已经走向后人本心理学

---

① 斯瓦米·毗湿奴·帝维南达，1927—1993，出生于印度南部，18 岁追随斯瓦米·希瓦南达，开始了他的瑜伽生涯，他是哈达瑜伽（Hatha Yoga）和拉贾瑜伽（Raja Yoga，即八肢分法）的世界权威。1957 年开始出版了《瑜伽全解》(*The Complete Illustrated Book of Yoga*）和《冥想与曼陀拉》(*Meditation and Mantra*）等多部书籍。——译者注

（超个人心理学），他的著作我们以后再谈。

结合了智能分析（noetic analysis）的元素与强有力的身体训练而产生的生物能量分析（Bioenergetic Analysis）是人首马身层次的极好的治疗方法。但应该指出的是，一些生物能量“修行者”又退回到了纯粹的身体训练，而躲避了对心理私我的洞察与言语表达。这些训练应该有意识地与私我的或真正的人首马身的治疗相结合，或作为这种治疗的前奏，否则这些所谓的治疗就应该被避免。亚历山大·洛温似乎总是能在心理和生理之间找到很好的平衡。参见他的《身体的背叛》（*The Betrayal of the Body*，New York：Macmillan，1967）和《抑郁和身体》（*Depression and the Body*，Baltimore：Penguin，1973）。还有斯坦利·凯莱曼的《你的身体道出了你的心智》（*Your Body Speaks Its Mind*，New York：Simon and Schuster，1975）。

第九章　超越中的自我

现在我们离开人首马身层次，朝着后人本的（超个人的）的区域前进。我们把自己所掌握的对这个世界和我们自身的常识和熟知的感觉抛在脑后，正在进入一个超越的世界。这个全新的世界向我们揭示了这样一个事实，即人们可以超越自我。在这个世界里，我们开始产生这样一种觉知，即超越自身。同时，有关这一层次的任何一种正统学科迟早都会帮助人们开启有关自身认识的觉知，这种觉知是深奥渊博的，可能会提升人们对自身的认识，从而使自己进入一个广阔而又敏感的超越个人的世界。

但是，令人遗憾的是，这种说法给大多数受过良好教育的现代西方人带来的只有疑惑。因为当今宗教普遍“贫血”，我们已经在很大程度上失去了直接的、从社会中可以得到的实现超越的途径。因此，对一般人来说，如果你指出在他自身存在的最深处，已然有一个超个人的自我，这一自我超越了他自己的个性，使他与传统时空之外的另一个世界相联系，他听了一定会怀疑。

不幸的是，在过去的几个世纪里，在我们西方产生了这样一种倾向，即越来越压制超越性的产生。微妙却又普遍的是，这种对于超越性的压制所产生的严重后果远远超过了对于性需求、敌对情绪、攻击性行为的压制，或者说超过了对发生在角色、私我以及人首马身等层次的行为的肤浅的压制，使人们对当前的文明产生了不满情绪。尽管对角色、私我以及人首马身层次上的压制可能是疯狂和剧烈的，但这种压制所涵盖的范围有限，不足以影响整个社会的基调。自觉或不自觉地，社会的整体基调通常是由超越性来决定的。尽管我们通过某种方式集体否定了这一事实，并且在这一问题上也达成了共识。但是，被压制的事物从来就没有真正被消除掉，它们只是以冬眠的方式不断积聚力量，或者是改装成其他形式浮出水面，于是我们今天就看到那种被压制的超越性不断爆发并越积越多。它们以各种个人兴趣的形式出现，例如，静修、灵异现象、瑜伽术、东方宗教、意识的变更状态、生物反馈、灵魂离体体验以及濒死状态等。也许由于人们的超越性被压制得太久了，因而他们对超越性的强烈愿望有时会以令人感到怪异或夸张的形式出现，例如，迷信巫术、信仰神秘学（occultism）、滥用迷幻药以及偶像崇拜等。

然而，尽管出现了这些不同形式的关于超越性的做法，但绝大多数西方人很难理解这种现象，即人们内心深处的东西如何就能够超越时空呢？既然人们的内在觉知超越了个体，那么它又是怎样免受个人问题、个人压力和个人焦虑的影响的呢？因此，我不会直接进入超个人的讨论，而是先简短地介绍一下弗洛伊德最杰出的学生卡尔·荣格（Carl Jung）的研究，这将会为我们的学习提供必要的背景知识。在不同的文化中，人们从出生之日起就会以各种形式开始接触这些知识。

20世纪初，荣格开始和弗洛伊德一起进行研究，尽管弗洛伊德认为荣格是自己唯一的接班人，但是在短短的10年内，荣格就因为学说上的分歧与弗洛伊德分道扬镳。自此以后，这两位伟人再也没有交谈过。导致他们不合的根源是这样一类情况（本书第一章对此已经有所论述），即一般而言，对特定意识层次进行研究的任何心理研究者都承认所有与他的层次相同或者是比他的研究更浅的层次是真实的，但通常会否定任何更深的层次的存在，认为这些更深的层次都是病态的、虚幻的、不存在的。

弗洛伊德具有勇敢的探索精神，其研究成果是卓越非凡的。他的研究以私我层次、角色层次和阴影而告终。但荣格在完全承认这些研究层次存在的同时，还努力把他的探索深入到了超个人的领域。荣格是欧洲最重要的心理学家之一，他发现并探究了人类觉知的超个人的一些重要方面，这些方面都具有重要意义。然而弗洛伊德无法理解这一点，他把自己局限在自己研究的这几个层次内。因此，他们二人只能各自在自己的研究道路上走下去，无法再进行合作。

荣格到底在人心深处遭遇了什么呢？在人类灵魂深处，荣格发现了什么明显与超个人领域有关的东西呢？有什么东西既在人之内，同时又超越于人本身呢？首先，荣格花费了大量时间来研究世界各地的神话，包括中国人所信仰的所有的神，埃及人、美洲印第安人、希腊人、罗马人、非洲人以及印度人所信仰的神、女神、图腾、万物有灵论、魔鬼、古代象征、意象和神话母题等。使荣格感到吃惊的是，这些原始的神话意象经常在现代的、文明的欧洲人的梦境和幻想中出现，但是绝大多数人并没有听说过这些神话（至少他们并没有掌握出现在梦境中的有关那些神话的准确的背景知识）。这种信息并不是他们在日常生活中获得的，因此，荣格推断，在某种意义上，出现在人们梦境或幻想中的这些基本的神话母题一定是与生俱来的，植根于每个社会成员之中，荣格把它们称为原始意象（primordial images）或原型（archetypes）。此外，他认为这是一种普遍现象，并不是只专属于某一个体，相反它是超个人的、集体的、先验的。

这是一个似乎有道理的假设，尤其是当你仔细检查了荣格所提供的详细数据后。举例来说，正如每个人拥有一颗心脏、一对肾脏、十根手指、四肢等等，每个人的大脑可能会含有某种普遍的符号形式，这些符号形式从本质上来说与其他正常人头脑中出现的符号形式一样。人脑本身已经存在了几百万年，在这段漫长的时间内，它必然已经形成了观察、理解现实的某些基本模式，它们在某种意义上来说具有“神话的”性质。这正如我们的双手经过进化可以抓住物体一样。这些基本的理解现实的意象的、神话的方法就是原型，因为每个人大脑的基本结构是相似的，因此人们内心深处可能存在着相同的、基本的神话意象（mythological images）。既然就人类种族而言，他们都是社会成员，那么这种原始意象也就普遍存在于他们的头脑之中了。荣格把这个深层次的精神称为“集体无意识”（collective unconscious）。换句话说，这种“集体无意识”并不是个别的、个人的，而是超个体的、超个人的、先验的。每个人的内心深处都埋藏着具有超越性的神话，如果忽视了这一强大的层面，只能导致巨大的遗憾。

无意识的部分内容（与角色、私我和人首马身层次一致）包括个体的记忆、愿望、想法、体验和潜能。但是人本身具有的更深一层的集体无意识包括一些严格意义上来说并不是个体的东西。相反它包含的是全人类的集体母题——所有的男神与女神，世界上古老的神话所描绘的诸神与魔鬼、英雄与恶棍都以浓缩的形式存在于人们内心深处。无论我们知道与否，根据荣格的理论，它们都会继续存在下去，并且会促使人们朝着有所创新或者毁灭性的方向发展。

一些超个人层次治疗类型的目的，例如荣格的超个人治疗，就是帮助我们有意识地承认、善待并利用这些强大的力量，而不是无意识地被它们驱动，任它们与我们的意志冲突。在特殊意义上来说，这就要求人们学会一种神话性的（mythologically）生活。也许这个看法会使很多人感到迷惑不解，因为我们现代人往往会对任何带有神话色彩的东西采取极端灰暗的态度。例如，在我们的文化里，如果我们说某件事是一个"神话"，那么我们想表达的意思是，那很荒谬，那是原始的幻想，仅仅是可望而不可即的事。"神话"这个词的用法是很好的，但很明显在这里并不是那个美好的用法。神话性的生活意味着开始去领会（grasp）超越，它活生生地存在于自己本身，存在于自己的生活、工作、朋友以及环境中。神话正是为我们开启了这样一个可以超越自己的世界。正如库马拉斯瓦米所说，"很久很久以前"（这是所有神话故事的开始方式），实际上指的是"一旦超越时间"。说完这句话，接下来的故事展示了一个暂时悬置了空间和时间的世界，在这里，游戏统治一切，一切皆有可能。因为真实世界是没有疆界的，语言和神话中的意象是如此地贴近现实，而并不是线性逻辑和抽象思维。神话开始超越疆界——时空的疆界和对立事物的疆界。单单由于这个理由，具有神话性的觉知（mythological awareness）就向真如世界又靠近了一步。

因此，具有神话境界的生活意味着开始让自己进入一个没有疆界的广阔世界。但这并不意味着我们被世俗的有疆边界的世界所打败，转而躲进幻想里而不能自拔（这确实是一种十分危险的情况）。它意味着我们敞开胸怀，向神话性的超越靠近。同时这也意味着把觉知带进我们的世俗世界，把世俗生活与更深入的源头联系起来，从而使生存充满生机。

发展一种具有神话境界的世界观并不是一个没有价值的建议。根据荣格的理论，这些神话意象和原型已经存在于我们每个人的头脑之中，而且任何一种与特定原型相联系的情形都能激活这些意象。这些原型意象会对行为产生影响，影响程度不一，或者轻微，或者强烈到完全占据人们的头脑。同时，它可能会以梦、幻想、白日梦、想象或者是幻觉的形式公然出现。

例如，你可能会做一个“重要的梦”（key dream），这个梦里的主要意象有狮身人面像、蛇头女怪、大蟒蛇、长着翅膀的马或是其他具有神话色彩的东西。只要你知道一点有关古代神话的知识，你就能够很容易地理解、能够知道这些神话意象对人类来说意味着什么，从而发现这些意象对你自己的集体无意识又意味着什么。把这层意思融入到你自己的有意识的觉知中，你就不会再受到它强制的控制。从而在你的灵魂深处开始放松，同时正常的私我的觉知或者是人首马身的觉知的坚硬外壳开始逐渐剥落，从而接纳超越的成长，这些成长超越了你的个人生活，但却是深层次自我的一些方面。

在这种神话觉知的背景下，让我们来看看向深层次的自我、超个人的自我的转变是如何发生的。当人们通过原型以及人们习以为常的神话意象来回顾他的人生时，他的觉知可能开始向着更普遍的角度转变。这时他并不是用自己的双眼来审视自己，而是通过人类集体精神的眼睛来审视——这确实是一个与众不同的视野！这时的人也不再只沉迷于自己的个人观点。事实上，如果这个过程沿着正确的道路快速发展的话，人的自我认同、自我意识将在性质上或多或少朝着更全面的方向发展，同时他的灵魂将沐浴在深层次的自我之中。这时，他不会再只认同私我或者人首马身层次，因此他不会再深陷于纯粹的个人问题之中。在某种意义上，他可以放下自己的关注，从一种创造性的角度来重新看待它们；这是因为他意识到了，无论自己面对的是什么难题，深层次的自我都可以超越它们，不受它们影响，保持稳定、自由和开放。人们一开始会犹豫不决，但将越来越确定地发现一种宁静的内在力量的源头，就像那大海的深处，尽管意识的表面波涛汹涌，激起一波又一波的疼痛、焦虑和绝望，而深处则如如不动。

无论以何种形式出现，寻找具有超越性的自我是所有超个人治疗和此类学科的主要目标。然而，我们以上所讨论的神话途径绝非实现超越自我的唯一途径。每一层次的意识都有很多不同的实现途径，个人需要多试验几种不同的途径，从而决定哪种途径最适合自己。我一直在思考这样一个问题，即把神话作为介绍超个人领域的最方便的工具，但是严格意义上的神话途径是很难实现的。一般而言，实现这个途径需要专业人员（professional assistant）的指导，帮助你分析各种各样的世界神话，以及你自己的原型的层次（archetypal layer）。

当然，也存在较为简单的实现超越性自我（transcendent self）的途径，但这并不是说这种途径花费的时间短，容易去实现，而是指这种途径不那么精密、复杂，单凭个人就可以独立完成，发挥自己的主动性就可以实现。它们就是我们下面将要探讨的途径。

我们首先需要注意超越性自我的所有显著的、具有鉴别性的标志：它是觉知的中心，创造性地独立于个人心智、身体、情绪、思想和情感之外。这个超越性的自我，就处在你的内部，超越了你，超越了那个不是你的你。如果你想直接感知它，那么按照下面的步骤进行：

首先，如上一章中所描述的那样，用2～3分钟的时间来进行人首马身层次的感知。因为你多多少少将要接触到人首马身层次，这更“接近”其下的超个人层次。然后，你开始慢慢地在心里默默地背诵下面的内容，试着尽可能生动地去认识每一句话的含义：

> 我有一个身体，但我并不是我的身体。我能够看到、感觉到我的身体，凡能被看到、感觉到的东西不过是被看到、感觉到的东西而已，并不是真正的看者。我的身体可能感到疲惫不堪了，也可能兴致正高，或许它病了，或许还很健康，或许它很沉，又或许很轻，但是这一切都与内在的我毫无关系。我有一个身体，但是我并

不是我的身体。

我有欲望，但我并不是我的欲望。我能知道我的欲望是什么，凡知道能够被知道的东西并不是真正的知道者。欲望有来有去，漂浮在我的觉知之间，但是它们并不影响内在的我。我有欲望，但是我并不是我的欲望。

我有情绪，但我并不是我的情绪。我能够感觉到、认识到我的情绪。但能够被感觉到、被认识到的东西并不是真正的感觉者。感觉向我袭来，但是它们不能影响内在的我。我有情绪，但是我并不是我的情绪。

我有思想，但是我并不是我的思想。我能知道我的思想，也能凭直觉感知我的思想。能够被知道的东西并不是真正的知道者。思想涌向我，思想又离我而去，但是他们并不能影响内在的我。我有思想，但是我并不是我的思想。

这一练习，多做几次，你就越来越可能具体地确认：剩下的就是我(I)；它是纯粹的觉知中心，是不会被这些思想、情绪、感觉和欲望所影响的目击者。

如果你坚持做这种练习，那么你的理解将会迅速加深，你就有可能开始注意到你的“自我”感觉所发生的基本变化。例如，你可能开始凭直觉感知一种深深的内在的自由感、轻松感、释放感、稳定感。这个源头，这个“飓风的中心”将保持清醒的宁静，甚至是在巨大的狂怒和焦躁之中也是一样。这个观察中心的发现过程就好比从狂风暴雨的海面潜入宁静而又安全的大海深处。开始时，在激动不安的情感波浪的影响下，你可能不会走太远，超不过几米，但只要你坚持不懈，就有可能继续前进，逐渐潜入灵魂的深处，这样你就可以在灵魂的海底舒展地躺下，敏锐而又冷静地抬头凝视曾经将你束缚的那些骚乱。

在这里我们谈论的只是超个人的自我或是观察者，纯粹的一体意识尚未涉及。在一体意识中，超个人的观察者本身会瓦解后变成他所观察到的任何东西。然而，在这发生前，人们必须首先发现那个超个人的观察者，它将是一体意识的出发点。我们在这一章介绍观察者，下一章将介绍它“瓦解”变化为统一体。通过否定认同所有特定的客体，包括精神的、情绪的或者身体的，我们来找出超个人的观察者，从而超越它。

例如，等你确实能够认识到你并不是你的焦虑时，你的焦虑也就不能再对你产生威胁了。即使焦虑仍然存在，它也制服不了你，因为你已经不再受它的束缚。这时你不再有求于它，你也不用再与它作战，不用抵制它、回避它。最激进的方式是，彻底接纳本来面貌的焦虑，并且允许它随意变化。不管焦虑是否存在，你都不会有所得失，因为你仅仅是在冷眼旁观。

因此，任何使你感到烦恼的情绪、情感、思想、记忆或者体验都只不过是你在认同自己时所伴随的，解决这种烦恼的最终方法就是不再认同它们。认识到它们不是你，你就能全然放下它们——因为你能看到它们，所以它们就不会是真正的观察者及观察主体（Subject）。既然它不是你真正的自我，那么对于你来说，你就没有理由认同它们，也没有理由执著于它们或者听任自己被它们束缚。

慢慢地，当你继续这种不认同的“疗法”时，你可能会发现，你迄今为止奋力防卫、保护的全部个人的自我（角色、私我、人首马身）开始变得透明，消失不见了。但这并不是简单意义上的消失，而是自己飘浮在空中，脱离了自己的肉体。相反，你开始感觉到你个人的自我所发生的变化——你的愿望、希望、欲望、心理创伤——并不是什么生死攸关的严重问题，因为你身体里还存在着一个更深的、更基本的自我，它并不受外围波动的影响，这些波动只不过是表面的涌浪，看起来宏伟，实际上脆弱。

因此，你个人的身心可能会感到痛苦，或者感到受了羞辱，还有可能感到恐惧，但只要你坚持做这些事件的观察者，好像是在高处俯视着它们，那么它们就不会再对你产生威胁。最终你也就不再被驱使着去控制它们、对付它们，或者征服它们。因为你愿意亲眼看到它们，公正地对待它们，你能够超越它们。正如圣・托马斯所说：“能知某物者其自性即非某物”（Whatever knows certain things cannot have any of them in its own nature）。因此，如果你的眼睛是红色的，那么你就不可能观察到红色的物体了。它之所以能看到红色的东西，那是因为它本身是清澈的，或者它不是红色的。同样，如果我们能注意到或者看到自己的悲伤，那么我们就能证明自己不悲伤。如果我们能感觉到疼痛，那就说明我们内部感觉到疼痛的那个东西本身并不会疼；如果我们能感觉到恐惧，那么我们就不恐惧；如果我们能觉察压力，那么我们就不是压力。亲眼目睹这些不同状况是为了最终超越它们。由于你已经从正面正视它们，它们就不会再从背后来抓住你了。

因此，我们能够理解印度瑜伽的创立者派坦加利（Patanjali）所说的这样一句话：所谓无知，就是把观察者与观察的工具混为一谈。每当我们只把自己等同于角色、私我、身体或者人首马身，或者把我们与它们联系在一起的时候，那么任何对它们的存在或者规范的威胁看起来就如同是对我们的自我的威胁。因此，任何对思想、感情、感觉或者体验的执著只是自我奴役（self-enslavement）锁链中的一环。

在前面几章中，我们把“治疗”看成认同的一种“扩展”。现在我们突然间又要否定认同，这是不是互相矛盾呢？实际上，这只不过是关于一个过程的两种不同说法而已。再回过头来看图1—1，请注意从角色到私我层次的下降、深入过程中，发生了两件事：第一，个体把阴影看成与自己一致，认同了阴影；第二，他认为自己不再等同于角色，或者打破了自己对角色的执著。他对这种“新”的身份，即私我的认同，是角色和阴影的协同联合（synergistic combination）。同样，为了从私我下降、深入到人首马身层次，在打破对私我的执著的同时，人们把自己的认同扩展到了身体，不再把自己等同于私我。在每个案例中，我们不仅扩展了一个全新的、更广阔的认同，同时也打破了旧有的、狭隘的认同。同样，在从人首马身层次温和地下降、深入到超个人的自我时，在温和地打破或者放弃对人首马身的狭隘认同的同时，我们逐渐把自己的认同扩展到了外界环境。

因此，当我们开始接触到超个人的观察者时，我们开始放下纯粹的个人问题，放下烦恼以及忧虑。实际上（这是绝大多数超个人区域治疗的全部重点之所在），我们甚至并不试着解决我们所面临的问题和烦恼，虽然这是我们在角色、私我或人首马身层次要做的事情。因为在这里，我们需要关注的只是观察我们特定的烦恼，单纯而简单地觉知到它们的存在，而不是对它们进行裁断，避免它们的发生，戏剧性地表现它们，影响它们或者证明它们的正当性等。当一种感觉或者倾向出现时，我们能够觉察到。如果对那种感觉产生了憎恨之意，我们也能够觉察到。如果对憎恨的憎恨出现了，我们也能够看到。我们不采取任何行动，如果采取了什么行动，我们就能够观察到。我们在所有的烦恼之中，遵守"无选择的觉知"。只有当我们理解它们不能组成我们真实的自我时，这才是可能的。只要我们依附于它们，我们就会努力去控制，即使这种努力还很微弱。如果理解了它们既不是中心也不是自我，我们就不会咒骂我们所烦恼的事情，不会对它们大声吼叫，不会憎恨它们，也不会设法反对或者纵容它们。我们所采取的每一步解决烦恼的行动都只是加强了我们头脑中的这样一个幻觉，即我们就是那个特定的烦恼。因此，设法摆脱烦恼的举动最后也只能是使烦恼持续得更长久。使我们感到不安的不是烦恼本身，而是我们对烦恼的依恋。我们认同它，这才是真正的困难之所在。

我们不需要与烦恼做斗争，只需要把它看成身外之物来公正地对待。重神秘体验者和智者们喜欢把这种观察状态与镜子联系起来。对于已出现的这些感情或者想法，我们没有紧抓着不放，也不设法去驱赶它们，只是简单地把它们反映出来，这正如一面镜子，只是完整地、公正地照射出在它面前经过的东西。庄子曾经说过："至人之用心若镜，不将不迎。"①

如果你已经成功地具备了这种独立观察的能力（这确实需要时间），那么你就能够同样不偏不倚地看待发生在你身心之内的任何事情，正如你注视飘浮在空中的白云、注视流淌在小溪中的流水、注视从屋檐上落下的雨滴，或者注视其他任何出现在你觉知范围内的物体。换句话说，

---

① 《庄子·应帝王》——译者注

你与你的身心的关系正如你与其他外物的关系一样。到现在为止，你一直在使用自己的身心来观察世界。因此，你紧密地依附于它们，束缚在它们有限的视野中。你只认同它们，从而也就束缚于它们的问题、苦痛和烦恼，无法解脱。但是，通过不断地观察，你就会意识到它们不过是觉知的对象——实际上，是超个人观察者的对象。“我有心智、躯体、情绪，但我并不是我的心智、躯体和情绪。”

确认这一点是非常重要的，因为当一个人开始接触或者完全转变到超个人区域时，他并没有失去对意识谱中的任何一个更浅层次的使用或者控制。需要记住，当一个人从唯一的角色认同深入到更充实、更准确的私我认同时，他没有失去与角色的接触，只是不再紧抓不放。例如，如果他选择穿上“好看的外衣”，或者为了入乡随俗而披上临时的社会外衣，他仍然可以“扮演”自己的角色。但是，他不会长久地固定在那个角色里。在以前，为了自己或者别人，他都不能卸下他的社会外衣，这就是问题之所在。然而，现在他能够依据环境以及自己的判断，决定穿还是不穿。如果他决定装出一副“高兴的面孔”，扮演这样的角色，那么他就会有意识地阻止自身阴影的出现，至少临时做到这一点，不把消极方面表现出来。但这时他仍然能够意识到它们的存在，因此他不会把它们投射出去。除非角色是你拥有的唯一的自我，它本身才会不适应或者产生一些问题。因此，当一个人从角色层次深入到私我层次时，消散的不是阴影或者角色，而是它们之间的疆界和战争。

同样，当你从私我层次下降、深入到人首马身层次时，你并没有摧毁私我或者躯体，摧毁的只是它们之间的疆界。在人首马身层次，你仍然可以接近私我、躯体、角色以及阴影。但由于你不再只认同其中一个层次而反对其他层次，所有这些层次都和谐运作。你已经与所有的层次交朋友，并且接纳它们。它们之间不再有无法处理的疆界问题，也不可能发生重大冲突。

同样，当我们深入到超个人自我时，我们仍然能够进入其他更浅的层次。然而，我们将不再被束缚在这些层次之上，受限于它们。它们变成了工具，而不是本质性的东西。因此，当一个人开始创造性地从对孤立的生命机体的认同中分离出来的时候，他绝没有停止对自己机体的喜爱。他没有停止吃、喝、住、行等活动。实际上，事实正好相反。人们变得更加接受和喜欢自己的身心。既然人们不再受它们的束缚，那么它们就不再限制人们的自由了。因此，人们的能量不再消耗在对自己身体的厌恶和对愤怒的压抑上。总而言之，超个人的自我已经完全接受了他的整个生命机体。

正如我们前面提到的，从超越性观察者的角度来说，人们开始以看待觉知的任何对象一样来看待自己的身心。这些觉知的对象可以是一张桌子、一棵树、一只狗或者一辆车。这听起来好像我们在蔑视我们的机体，就像我们偶尔对环境的态度一样（show the environment）。但实际上并不是这样，我们开始把所有的环境对象都看成我们自己。事实上，这种态度代表的是一种直觉，即这个世界就是我们的躯体，我们应该像对待身体一样来对待它。重神秘体验者所强调的普遍的慈悲就是来源于这种超个人的直觉。与我们在角色、私我或者人首马身层次上看到的同情或者爱不同，这是更高层次的慈悲或者爱。在超个人层次，我们开始热爱他人，并不是因为他人热爱我们、肯定我们、接纳我们，或者在我们的幻想中保护我们，而是因为他人就是我们。基督的主要教义并不是想表达这样的意思："像爱你自己一样去爱你的邻居"，而是："爱邻居如同爱自己的大我"。这其实并不局限于你的邻居，还包括你的整个环境。你要开始关心你的周围，就像关心你自己的手脚一样。在这个层次上，请记住一点，你与周围环境的关系正如你与自己的机体的关系一样。

在超个人观察者的层次上，即原型的自我的层次上，你可能也开始重新获得了基本的直觉，这种直觉可能早在孩童时期就已经拥有了。也就是说，既然意识在根本上超越了分离的有机体，所以，（1）意识是独立的；（2）意识同时也是不朽的。

几乎每个孩子都偶尔想过："如果我的父母是别人，那我又会怎么样呢?"换句话说，孩子虽然还无法明确地表达，但他们以特有的天真以及难以用言语说清的方式认识到了意识本身（内心的观察者或者是我）并不仅仅受限于身心所赋予生命的特定的外部形式。他们似乎都感觉到，即使他的父母是别人，他具有不同的身体，他仍然是“我”。孩子知道，如果那样的话，他的相貌和行为都会与现在不一样。不过他还是自己（我有心智、躯体和感情，但我并不是心智、躯体和感情）。孩子会问这样的问题：“如果我的父母是别人，那么我还会是我吗?”这是因为他希望父母来解释他的超越性，即如果他的父母是别人，为什么他看上去仍然是那个不变的“内心深处的我”。父母可能在很久以前就忘记了他们自己的超个人自我了，于是不能够给出孩子喜欢的答案。在这个时候，绝大多数父母都会回忆起过去的岁月，感到这里有什么非常重要的东西，可是一时又想不起来……

任何开始通过直觉感知超个人自我的人都可能认识到，尽管有各种不同的外在形式，但只存在一个大我。这是因为每个人对于超越了身体的相同的内心自我的直觉都是一样的。这一单独的大我超越了心智和身体，因此这种大我在本质上只有一个，并且在所有有意识的存在物中都是相同的。正如一个人可以从一间房子里走出来，然后进入另一个房间，在这个过程中不会根本改变他的内心自我的感觉。所以如果他具有一个不同的身体，拥有不同的回忆，产生不同的感情，他也不会发生根本变化。他是这些对象的观察者，但他并不受它们的束缚。

超越性的自我超越了个人的生命机体，这一洞察同样也带有一种对于不朽的直觉。大多数人藏起了内心的这种感觉，即他们是不朽的。他们不能想象他们自己的不存在。没有人能做到这一点！一般人错误地想象，并且深深地希望其自我可以长生不死，因为他们只作为人首马身、私我或者角色而存在。心智、私我或者躯体是不朽的，这种说法并不正确。与所有的合成物一样，他们也会死去。现在他们正面临死亡，没有哪个可以幸免，可以永恒不灭。转世再生并不意味着，你的私我会通过连续的存在而继续向前发展，但正如商羯罗所说，超越性的自我是“唯一的移民”。

在一定意义上，对于虚妄的、孤立的自我来说，为了唤醒我们不朽的、超越性的自我，我们必须“死去”。因而，这也就切合了那著名的似是而非的论点——“如果你在死亡来临之前死去，那么当死亡真正来临的时候，你就不会死去了”。用重神秘体验者的话来说就是，“没有人比彻底死去的人更接近上帝”。这就是为什么许多一直坚持修炼某种形式的超个人疗法的人会说他们真正做到了不再害怕死亡的原因。

对于圣人和重神秘体验者的这种基本洞察，即我们所有人都只有一个共同的、不朽的大我，我们也许可以用另外一种方式来解读。也许，和绝大多数人一样，你感觉和昨天相比，你还是同一个人，基本没发生什么变化。你可能还感觉到，和一年前相比，基本上你还是同一个人，没发生什么变化。实际上，只要能记得起来，你尽管往前推，无论把时间推得多么靠前，你看上去还是同一个人。换种方式来说，你绝对想不出这么一个你不是你的时刻来。也就是说，即便时光流逝，你本身的东西仍然一直保持原样，没有发生变化。但是，可以肯定的一点是，你的躯体变了，甚至与一年前比起来，它已经发生了变化，不一样了。同样可以确定的是，你今天的感觉与过去也有不同。此外，大体而言，你今天的记忆与10年前相比也不一样了。你的心智、躯体、情感——所有一切都随着时间的流逝而发生了变化。但是，某些东西没有改变，你也知道某些东西没有发生改变。某些东西给你的感觉还是一样的。那么它们是什么呢？

与现在相比，一年前的这个时候，你关心的是不同的事情，面临的是不同的问题。你的直觉的体验不同，你的思想也不同。所有这些都已经消失，但你身上某个东西却仍然保留。再进一步，如果你搬到一个完全陌生的国度，需要面对的是新朋友、新环境、新体验以及新思想，你又将会怎么做呢？你仍然会有自己内在“我”（I-ness）的基本感觉。另外，如果你忘记了自己前10年、15年或者前20年的生活，你关于“我”的感觉还是一样的，不是吗？如果你只是暂时忘记了发生在过去的所有事情，并且仅仅感觉到纯粹的内在“我”的话，那么是什么东西变化了呢？

简而言之，你具有某种东西——那种内心深处“我”的感觉——那并不是记忆、思想、心智、躯体、体验、环境、情感、冲突、感觉或者心情，因为所有这些已经发生了改变，它们能够在不对内心深处的“我”产生重大影响的情况下发生改变。这随着时间的流逝仍然保持不变的东西就是超个人的观察者和超个人的自我。

那么，要认识到每个有意识的存在都具有相同内在的“我”是很困难的吗？可以得出所有的超越性的“我”都是同样的一个吗？前面我们已经假设，如果你具有一个不同的躯体，你基本上仍然能感觉到内在的“我”是一样的。这是所有人可以马上感觉得到的。这不就是说只有一个独立的“我”或者大我，它呈现为不同的面貌、不同的记忆、不同的感觉和不同的感情吗？

这并不仅仅是现在如此，在任何时候，不管是过去还是未来都是如此。既然你确信无疑地感觉到（尽管你的记忆、心智和躯体是不同的）你和 20 年前的自己是一样的（不同的是私我或者躯体，但相同的是内在的“我”），那么与 200 年前的你相比，你内在的“我”还能是一样的吗？如果“我”并不依赖于记忆、心智和躯体，它又将有什么不同呢？用物理学家薛定谔的话说，那就是：“知识、感觉和选择的这种统一体（你把它们称为你自己的）是不可能在不久前的某个特定时刻凭空而出的；相反，这种知识、感觉和选择实际上是永恒不变的，在所有人身上，更确切地说，在所有有感觉的存在物的身上，表现出来的都是一样的，就是同一个。你存在的条件几乎和石头的存在条件一样古老。几千年来，男人们一直在奋斗，经历了无数磨难，最终为人父，而女人们则在痛苦中分娩。也许若干年前，就有一个男人站在这个地方，和你一样心中充满敬畏和向往之情，他凝视着冰河上即将消失的夕阳。和你一样，他也是男人、女人结合而生。和你一样，他也感到痛苦，同时也能体验到瞬间的快乐。他是别的什么人吗？他不就是你自己吗？”

啊，我们可以说，那不可能是我，因为我想不起那时发生了什么事。但在这里，我们在分辨记忆与“我”时犯了错误，我们只看到了“我”不是记忆而是记忆的观察者。你甚至可能想不起上个月发生的事，但你仍然是“我”。因此，如果你想不起上个世纪发生的事，那又怎样呢？你仍然还是那个超越的“我”，还是那个整个宇宙中的唯一，还是那个在每一个新生儿诞生后醒来的同样的我，还是那个祖先眼中和后代眼中的同一个我——只有一个，而且是同一个我。我们感觉他们是不同的，那仅仅是因为我们错误地把内心深处的、超越性的“我”与表面的个体记忆、心智和躯体混为一谈，实际上这两者是不同的。

但是，那个内心深处的我，实际上又是什么呢？它并非随着躯体的降生而来临，也不会随着生命的结束而逝去。它意识不到时间的存在，也不受烦恼的困扰。它没有颜色，没有形状，没有形式，没有尺寸，但是它能见证你自己眼前的绝对的庄严。它看得到太阳、云彩、星星和月亮，但自己却是隐身的，没有人可以看到它。它能听到鸟的叫声、蟋蟀的低鸣以及瀑布的流水声，但没有人能够听到它的任何声音。它能够抓住表面坚硬的碎石，它能够拾起落叶，它能够舞动缠绕的树枝，但没有东西可以捕捉它。

你不必为了能够看到超越性的自我而费尽心思，这是无论你怎么努力也无法实现的。你的眼睛能看到它自己吗？现在，你需要做的就是，开始放下这种错误的对记忆、心智、躯体、感情和思想的身份认同。这种放下通过超人（super-human）的尝试或者理论上的理解就能做到。首先，所需的一切只是理解这一句话：你能看到的一切都不可能是观察者。准确地说，你所知道的关于自己的一切都不是你的大我、知者（Knower）或内在的“我”，它不可能被观察到，也不能够被界定，或者被制造成任何形式的客体。人生所受的束缚只是由于我们把观察者与所有这些可以看得到的东西混为一体。解放就是从纠正这个错误开始。

不论任何时候，当你认同问题、焦虑、心境、记忆、欲望、肉体感觉或者感情与自己为一体的时候，你就把自己套进了束缚、限制、恐惧和压制，最终套进了死亡。所有这些都可以被看到，因此它们都不是观察者。另一方面，继续坚持做观察者、目击者和大我就等于避开了这些局限和难题，最后走出了它们。

这修炼看起来很简单，做起来却不容易，但它会促成人生的解放。因为超越性的自我是无处不在的，正如神的光芒无处不在一样。从原则上来说，你的超越性的自我与上帝有同一个本质（但你往往可能希望去思考这个本质)。因为最终深刻地通过你的双眼来洞察的,通过你的耳朵来聆听的,通过你的舌头来说话的只是上帝。所以圣·克莱门特(St. Clement)这样主张:凡认识自己者,必认识上帝。

荣格有这样的意思,圣徒、圣人和重神秘体验者也是这样,它更是美洲印第安人、道教、印度教、伊斯兰教、佛教还有基督教的观点:在你的灵魂深处是人类本身的灵魂,是一个非凡的、超越性的灵魂,它把你从束缚中引向自由,从迷惑中引向觉醒,从有限引向永恒,从死亡引向不朽。

推荐阅读

超个人层次有许多不同的方面,所以也有许多研究方法,我们将分组论述。

关于荣格的著作,我强烈推荐约瑟夫·坎贝尔(Joseph Campbell)的《荣格精要》(*The Portable Jung*, New York: Viking, 1972),这是一本优秀的荣格文选。如果读者想了解荣格分析心理学的整个概况,可阅读贝内特(Bennet E. A.)的《荣格说了什么?》(*What Jung Really Said*, New York: Dutton, 1966)。想更深入研究的读者可读莉莲·弗雷-罗恩(Lilliane Frey-Rohn)的《从弗洛伊德到荣格》(*From Freud to Jung*, New York: Delta, 1974),这本书对弗洛伊德和荣格的体系进行了系统全面的比较。对于那些自己想实际有效操作荣格类型治疗法的读者,我极力推荐依拉·普罗古夫(Ira Progroff)的《在一个日记工作坊上》(*At a Journal Workshop*, New York: Dialogue House, 1975)。

关于马斯洛所进行的具有划时代意义的超个人心理学研究,可参阅他的《存在心理学探索》(*Toward a Psychology of Being*, New York: Van Nostrand, 1968)和《人性发展能达到的境界》(*The Farther Reaches of Human Nature*, New York: Viking, 1971)。对传统心理学感兴趣的人可以读塔特(Tart C.)编著的《后人本心理学》(*Transpersonal Psychologies*, New York: Harpers, 1975)。在这一领域还有不少优秀的文集,包括怀特的《意识的最高状态》(*The Highest State of Consciousness*, New York: Anchor, 1972);韦尔伍德(Welwood J.)

的《诸道的相遇》(*Meeting of the Ways*, New York: Schocken, 1979);罗杰·沃尔什(Walsh R.)和弗朗西斯·沃恩(Vaughan)的《超越私我心理学》(*Beyond Ego Psychology*, Los Angeles: Tarcher, 1979)。弗朗西斯·沃恩还写了一本很有价值的书《唤醒直觉》(*Awakening Intuition*, New York: Anchor, 1979)。我自己的两本书《意识层次图》(*Spectrum of Consciousness*, Wheaton: Quest , 1977)和《阿特曼工程》(*Atman Project*, Wheaton, Quest, 1980)力争把这些内容的大部分都考虑进去。如果你是精神病学家,可能会欣赏一种更谨慎的研究方法,可以读一读迪安(Dean S.)编著的《精神病学与神秘体验论》(*Psychiatry and Mysticism*, Chicago: Nelson Hall, 1975)。

心理综合治疗(psychosynthesis)完全能够代表通向超越性自我的非常有效可靠的途径,它的奠基人阿萨鸠里(Roberto Assagioli)所著的《心理综合治疗》(*Psychosynthesis*, New York: Viking, 1965)全面地介绍了这种疗法。本章中关于否定认同的练习就是改编自这本书。如果读者想获取更多关于迷幻剂研究的资料,请参阅格罗夫(Grof S.)的《人类无意识的领域》(*Realms of the Human Unconscious*, New York: Viking, 1975)。不要把格罗夫的著作只当成关于"迷幻药幻觉"的资料而忽视它们,格罗夫博士是当今在世的最伟大的心理学家之一,他的著作总是研究得非常仔细,表述得非常精炼,其中充满智慧的讨论。

想了解宗教的超越性统一和长青哲学概况的读者请参阅舒昂(Schuon F.)的《宗教的超越性统一》(*The Transcendent Unity of Religions*, New York: Harper , 1975)。对于一般读者来说,休斯顿·史密斯(Huston Smith)的《被遗忘的真理》(*The Forgotten Truth*, New York: Harper, 1976)是这一领域最好的入门读物。

关于静修和超个人,怀特(White J.)编撰了一部很有用的文选,名为《什么是静修?》(*What is Meditation*, New York: Anchor, 1972)。我要指出的是,许多通向超个人层次的途径也将穿过这些层次而通向一体意识,所以我这里只是武断地把这章的推荐书目与下一章的推荐书目分割开来。总体来说，这里所列出的是在超个人层次中建立了一个觉知的基础，一幢建到一半的房屋，然后从这里向前通向一体意识水平（如果它们能向前的话）。

超个人层次实际上包含几个次层次，各种不同的冥想似乎是针对不同的次层次。如果想了解有关拙火（Kundalini）[①] 的激发，请参阅怀特编辑的《拙火、进化和开悟》（*Kundalini*，*Evolution*，*and Enlightenment*，New York：Anchor，1979）。如果想知道得更细，如 nada 和 shabd，请参阅基帕尔·辛格（Kirpal Singh）的著作。

由于超越性静修（Transcendental Meditation）易于理解、方便有效，其重要性也更为突出；所以我首先推荐这种静修，关于其他类型的静修我将在下一章介绍。

---

① Kundalini，拙火，印度圣哲崇拜它为宇宙之母，是至高无上的力量。认为在人的中脉（脊椎）的底部，有一股巨大的意识能量以顺时针的方向卷曲着，瑜伽修行者称之为“沉睡”的能量，也称“拙火”；这股能量被唤醒后，像蛇一样延着脊椎两侧蜿蜒而上，而左右两股在脊椎不同部位交会成七个能量中心，一直到顶轮会合时会经历一种天人合一、永恒的喜悦境界。——译者注

第十章　意识的终极境界

既没有创造也没有毁灭，
既无定数也无自由意志，
没有道路也谈不上功绩，
这就是最后的真理。

——拉玛纳上师

既然一体意识具有恒在之刻的性质，它就是全然的当下。但是，非常明显，并没有什么途径可以达到当下，没有什么道路可以到达那已然存在之地。因此，正如拉玛纳上师所说，没有通往一体意识的道路，他宣称这就是最后的真理①。

拉玛纳上师所言，听上去似乎非常怪异，至少令人费解，特别是我们已经花费了这么多的时间来探究意识谱中的其他层次。在前面几章中，我们已经看到，有一些特定的练习、技巧和学科可以帮助人们加快进入到任何其他的层次。现在，我们能够接触这些层次的原因是，它们只是局部的意识状态，并非全面的意识状态。它们与其他层次不同，因此，它们能够发展，直至把所有其他的层次都排除在外。它们具有疆界，无论明显还是隐晦，因此总可以有选择性地对它们进行研究。

但以上情形与一体意识的“层次”可能有所不同，因为一体意识并不是一种局部状态。相反，它以最激进的方式包含了所有的一切，正如

① 读者也许会感到困惑，我们不是常常讲“活在当下”吗？这里说“既然一体意识具有恒在之刻的性质，它就是全然的当下”，又说“没有通往一体意识的道路”，这与我们说的“活在当下”有什么区别呢？“活在当下”是指不执著，放空地做当下该做的事情。“活在当下”不是指活在什么时间之中。这里是指“没有通往一体意识的道路”。——译者注

一面镜子，它会把所有能够反映到的东西都呈现出来。一体意识并不是区别于其他所有状态的状态，或者是远离了所有其他状态的状态，相反，它是所有状态存在的条件，也是所有状态的真正本质。假设它与任何状态都不同，例如，它与你现在的觉知不同，这意味着它有一个疆界，也就是说，有什么东西把它与你当前的觉知分隔开来。但是，一体意识是没有疆界的，因此没有什么东西能够把它与任何事物分隔开来。能够使人开悟的灵光就在这一刻清晰地闪烁着，就在这一刻。

也许，一个简单的类推可以帮助解释这一点。意识的不同层次就好比是海洋的层层波浪——可以肯定，每个波浪都与其他的波浪不一样。靠近海岸的波浪强壮而有力，远处的波浪则很微弱。如果你正在冲浪，那么你就可以选择一个特定的波浪，靠近它，骑上去，根据自己的能力尽情地冲浪。如果这些波浪都是相同的，显然你就没有办法冲浪了。意识的每一个层次就像一个特定的波浪，因此，只要有正确的技术指导和足够的修炼，我们就能“抓住”其中任何一个。

然而，与其说一体意识是一个特定的波浪，倒不如说它就是海水本身。在海水和任何波浪之间没有疆界，没有区别，也没有隔阂。这就是说，所有波浪里呈现出来的全是海水，在某种意义上，没有一个波浪会比另一个波浪更潮湿。

因此，如果你正在寻找“湿”本身——所有波浪存在的条件——即使你从一个波浪跳到另一个波浪也是徒劳无功的。事实上，你失去了很多东西，因为只要你还在波浪之间寻找“湿”的本质，你就永远不能发现，“湿”存在于你现在所骑跨的任何一个浪头上。寻找一体意识就好比为了寻找水，人们在一个又一个人生体验的波浪上跳过去一样。这就是为什么拉玛纳上师所说“没有道路也谈不上功绩”的原因了。当伟大的日本禅师白隐慧鹤（Hakuin）① 写下下面这段话时，他好像也做了这

① 据百度百科：白隐慧鹤禅师，1685—1768 出生于江户时代中期，是临济宗的中兴祖师，被誉为“五百年间出的大德”。白隐慧鹤喜近大众，不以地位身份来说禅，他的禅是民众化的禅。意志方面，他却是个坚毅的人，禅风峻烈，有不容易接近的地方，反而皈依者众多，许多俗人来参学。他对于临济禅的复兴业绩昭昭，是日本佛教史上的一位伟大的禅师。——译者注

么一个类推：

人们是何等可怜，
真理就近在眼前，
他们却寻觅天边！
人们是何等可怜，
犹如站立在水中，
却嚷嚷口渴不断！

所以也许我们能够开始明白，为什么严格来说没有通往一体意识的路径。一体意识并不是众多体验中的一种特殊体验，也不是与小体验相对的大体验，不是代替其他波浪的某个波浪，它恰好就是当下体验的每一个波浪。你如何能够接触当下体验呢？一切都是当下的体验，对于一直就存在的当下体验，是谈不上什么路径的。如果你已经站在齐肩深的水里了，你还需要找一个方法来把身体弄湿吗？

由于所有这些原因，真正的圣人们都宣称，没有通往"绝对"的路径，没有获得一体意识的方法。印度教商羯罗说："因为婆罗门（Brahman）实际上是一个人的大我，它不是那个人所得到的什么东西。"① 黄檗希运禅师②说过这样的话："没有什么是需要得到的，这并非无聊的、毫无意义的闲谈，它就是真理。"埃克哈特是一名基督教徒，他曾说过这样的话："不需要图像，不需要方法，你就应该认识上帝。"克里希那

① 据"有道桌面词典"：婆罗门是万物背后看不见的生命力量。自我是个人的灵魂，是神灵的一部分，是婆罗门闪现的火花。——译者注

② 据互动百科：黄檗希运少年时出家于本乡的黄檗山，之后游方于各地禅林，参谒名师。在京城，得一老妪指点，到奉新百丈山依怀海学法，并得怀海正传。唐开成年间，希运住持宜丰鹫峰。鹫峰原为印度僧人取的山名，希运住此峰后，将宜丰鹫峰改名为黄檗山，以纪念少时在福建家乡出家之黄檗山，故此后有"天下两黄檗"之说。苏辙、黄庭坚、王应麟、赵师秀、刘克庄等著名文学家先后来到宜丰黄檗山，并留下了许多诗赞为后世所传诵。希运在黄檗禅林寺宣讲自己所悟得的新法，其禅宗为"无心说"，不主张苦行而重顿悟，强调"心即是佛"，心佛如一。其禅风机峰峻烈，接引门徒时用"棒喝法"，"当头棒喝"一语便是源于希运的接引法。希运弟子义玄曾三度上黄檗求法，三度被希运棒喝始悟道。之后，义玄往镇州，即河北正定县，创临济院弘扬师法，主要是沿袭希运"无心说"和"棒喝法"，正式形成禅宗五大家之一的临济宗。此宗后传入日本、朝鲜等地，成为这些国家的禅宗主流。唐大中十一年（公元857年），希运逝寂于宜丰黄檗山。临终前，他对弟子留下一谒："前后三际，前际无去，今际无住，后际无来。"语毕端坐而寂。——译者注

穆提是现代的一位智者，他曾说过："真实距离我们很近，你没有必要刻意去寻找；刻意寻找真理的人永远寻找不到真理。"

正如埃克哈特所说，没有任何方法、技巧、途径能够抵达终极之境，因为它在本质上是无时无刻无处不在的。我们正和那穿梭在浪涛中、想办法找出湿性本质的人一样，无法静止片刻，察觉近在眼前的真相。我们总是东奔西跑，离答案却愈来愈远。如果我们只知道翘首远望，又怎能够看清楚当下的情况？我们的寻求以及愿望本身阻止了我们的发现。总而言之，当下的体验就持有我们探求的钥匙，我们却总是试图逃离。我们并不是真正在探求答案，而是在逃避答案。

那么这是否意味着我们应该什么也不做？是否意味着我们应该停止脱离当下？意味着我们应该尽力充分面对现在？这听起来很有道理，其实并不然。什么也不做并不是解决的办法。为什么我们愿意什么也不做呢？这不正是想躲开眼前的体验的波浪，去寻找一个更"湿"的波浪吗？不论我们做或者不做，都会是一种作为，因此，这第一步就走错了。

这就是一体意识的一大悖论。你无法依靠任何作为去获得它，这一点至少在理论上是清晰的。但是，我们发现这一点更明显：如果什么也不做，我们将停滞不前。马祖（Ma-tsu）禅师说得极其透彻："在道中是没有什么可修的。如果有任何可修，则修炼的完成意味着道不存在，又回到原来。但如果没有什么可修，我们又只能是愚昧无知的凡夫。"①

至此，我们开始进入了重神秘体验者传统的智慧精髓，即对于一体意识的实现，那些特别状态是适合的，但并不是必须的。更深一层来说，这些状态并不能把我们带入一体意识，因为它们本身就是一体意识的表达。它们是本证或者原悟（original enlightenment）的喜悦和正式的、仪式性的体现。

例如，禅宗有妙言：本证妙修（honsho myoshu），其含义是"本

① 中文原文"僧问：如何是修道？曰：道不属修。若言修得，修成还坏，即同声闻。若言不修，即同凡夫。"——译者注

证乃妙修”。[1] 一体意识不是产生于某种修炼的未来状态，因为这意味着一体意识在时间上具有一个开端，虽然此时不存在，但它明天就会出现。这使一体意识成为一种严格的时间状态，这是全然不可接受的，原因就在于一体意识就是永恒的当下。

“一体意识就是当下”，这乃是我们的“本证”或者“原悟”，这里的“原”（original）并不是指它产生在过去，而是因为它是这一瞬间的根源和基础。开悟就是这个当下状态的源头，而灵性的修炼就是这个源头的活动或者运动，是原悟境界的恰当的功能。

“本证妙修”的含义是：真正的灵性修炼并非指向开悟，而是来源于开悟。但修炼并不能把我们带入一体意识，因为修炼一开始就是一体意识，而且始终如此。铃木大拙（Suzuki Roshi）曾这样说：

> 如果我们的修炼只是获得开悟的一种途径，我们就绝对不可能开悟。开悟并不是某种好的感受或特殊的心智状态。你在参禅打坐时所存在的心智状态本身就是开悟。在这种心境中没有必要谈论所谓正确的心智状态，因为你早已经有了。

基督教重神秘体验者有这样的论点：在真心祈祷时，不是你试图找到上帝，而是上帝在为自己祈祷。铃木大拙的话与此有什么真正的不同呢?“安心吧！如果你还没有找到，你是不会去寻找我的。”由此可见，我们的灵修本身就是目标。终点与手段，路途与目的地，起始与结局，都是一体的。

这又引出了另外一个问题：如果我们已经拥有了佛性、内在的基督或者原悟等等，为什么还要修炼呢？可以反问一句：为什么不呢？这里真正的原因是这些灵修的特别状态就是一体意识的恰当的表达。无价的珠宝除非你使用它、展示它、炫耀它，否则它就不会有任何世俗的价值。同样道理，灵性开悟的一个适当的用处就是最充分地展示灵性的活

---

① 禅宗主张：修行与证果并非二物，而是一件事情，修行的当时也就是证果。黄忏华居士道：“吾人本来具足佛心，圆成佛性，故名之曰本证。信得本证上所起之修行，名之曰妙修；是故所谓本证妙修者，意谓证上之修，而修证不二义也。”——译者注

动。虽然从外表看，修炼好像是为了悟道，其实我们只是在表达这种开悟。例如，在坐禅中我们并不是想变成佛，而是表现出我们本来就是佛。让我再引述一段铃木大拙的话：

> 从佛陀到我们现在，一直传承着这样的理解：当我们开始坐禅时，不需任何准备，悟境就已存其中。不论你坐不坐禅，你早已具有佛性。因为你有佛性，你在修炼中就有开悟。既然本有佛性，我们坐禅就是为了必须具有佛的举止。因此，我们坐在这儿，不是为了成就什么，只是表现我们的本性罢了。这就是我们的修炼。坐禅是我们真实本性的直接表达。严格地说，对于人类，除了灵性的修炼，就没有其他的修炼；除了这种生活方式，就没有其他的生活方式了。

铃木大拙禅师并非指佛教为最好的生活方式，而是指一体意识或“大心智”（big mind）是最好的生活。也就是说，本证妙修就是最好的生活方式，连绵不断的修炼同时就是原悟的喜悦的表达。从这个角度讲，的确再没有其他生活的道路了，有的只是饱受折磨与痛苦。

如果理解了本证妙修，我们所做的每一件事情都是修炼，都是原悟的表达。每一行为都来自于无疆界之永恒，都是万事万物的圆满的无阻碍的表达。因此我们所做的一切，不论是祈祷、坐禅、念诵、行善、读圣经，甚至连洗碗、缴税都成了我们的修炼。这不是说我们洗碗时要想着原悟，而是说洗碗本身就是原悟。

因此我们通过设定灵修的特殊状态来开始在一体意识层次的“治疗”。它可以是打坐、诵经、颂歌冥想、通过基督（或者灵性导师，或者特殊的形象化步骤）献身上帝。本书由于篇幅所限，无法介绍更多的东西方的修炼方法，普通读者可自行阅读本章末尾的参考书目。我只能概括描述一下修炼所能带给我们的洞见与变化，让你至少对灵修的作用有些概念，帮助你决定它们是否值得追求。

当一个人进入灵修的特殊状态后，会越来越明晰、越来越肯定地认识到一个令人恼火却又明白无误的事实：没有人想要得到一体意识。事实上，我们一直都在抗拒一体意识，躲避上帝，抵制道。我们总是在浪尖上跳来跳去，总是抗拒当下所体验的波浪。但是，一体意识和当下是一体的，是同样的事情。拒绝这个就等于拒绝那个。用神学术语来说，我们总是拒绝上帝的存在（God's presence)，而这正是其全部形式的完全展现。如果你不喜欢生活的某个方面，那你就是在拒绝一体意识的这个方面。因此，我们是在主动地、暗暗地否认和拒绝一体意识。理解这种悄然的抗拒，是打开开悟的终极钥匙。

应该注意，我们并不是第一次看到阻抗。实际上，意识谱的每一个主要层次都是由阻抗的某种特殊模式构成的。当我们讨论从角色深入到私我层次时，我们遭遇的第一件事情就是对阴影的阻抗。这就是为什么阴影探索大师弗洛伊德所说："全部的精神分析理论实际上是建立在对阻抗的理解上的。这种阻抗是在当事人意识到自己的无意识时，他所实施的阻抗。"在我们自己对阴影的探索中，我们随处都能发现这样的阻抗，看到人们拒绝接受与自我意象不符合的冲动或信息。这些冲动或者信息转而成为阴影，留给他们的只有症状。人们基本上以同样的阻抗拒绝接受症状。他们与自己的焦虑、恐惧等症状战斗，正如他们抗拒阴影一般。此外，他们同样拒绝任何一个被他投射了自己阴影的人。他们把人当做症状来看待。

令人费解的是，尤其是对陷入这种阻抗的人们，他们（作为角色）并不老实地承认他在阻抗。他基本上没有意识到这点。从表面上看，他认为如果他能随心所欲，他就不会受苦，不会感到沮丧，不会感到紧张或者有其他症状。但这只对了一半，因为异化的另一半（阴影）喜欢折磨他！因此，他在不知不觉中就伤害了自己。他对此毫无所知，也无从制止。他自己造成了这些症状，却不愿承认这个事实，最终也就转变到为这些痛苦而辩争。除非他看到了自己对阴影的阻抗，否则不会有任何进展，因为他只能继续抵抗，破坏任何成长的努力。

角色层次治疗师的首要的艰巨任务就是帮助当事人理解、克服他对阴影的阻抗。心理治疗师并不试图去除、绕过，或者忽视阻抗。相反，他应该帮助当事人看到他是怎样，又是为什么在抗拒自己的阴影。一旦当事人明白了他在抗拒自身的具体事实——这也是当事人问题的核心——他就会慢慢放弃阻抗，开始接受阴影，不再逃避、抗拒或者压制阴影。但是，如果当事人试图首先直接接触阴影，没有考虑他的阻抗，那么对阴影的抵制只会加倍，因为他已经忽视了这个问题的真正根源是什么。

精神分析体现了一种对阴影的一贯的方法。在治疗中，当事人被要求展开自由联想，他被引导把头脑中所涌现的任何事情都说出来，而不论它们多么可恶、多么渺小或者愚蠢。在当事人开始后，各种念头在联想、回忆、幻想的链条中不断地涌现。但是，突然间——毫无例外地——他碰到了某个心结。他脑子一片空白，或者尴尬，或者呆滞。在开始自由联想后，他降下了阻抗以及长期以来对思想的控制，几分钟后，在自由的、不需要防备的气氛中阴影的念头或者冲动自然浮现出表面，而以前他一直都在抗拒它们。一旦阴影的念头开始涌现，当事人的头脑中由于防御而一时一片空白。由于阻抗，当事人中断了联想的自由流动。

心理治疗师应该指出这一点。他不要拿阴影的思想和当事人对质。他只需从探索当事人对自己某些想法的阻抗情绪着手。通过持续地探索阻抗的各种形式，心理治疗师帮助当事人重新获得自由，能够漫步于自己的过去、现在和未来的思想，不再有任何阻抗。最后，个体不再抵制自己的冲动、想法、阴影，并将发展出更准确、更可接受的自我意象。

这是我们发现的第一种类型的阻抗。角色抗拒阴影，并因此阻止准确的私我的出现和发现。随着我们移向意识谱中下一个主要层次，我们发现了由私我本身所表现出来的阻抗。这就是私我对于人首马身的感觉—注意的抗拒。这种阻抗的一部分是不能维持那一瞬间的、真正的、以当下为中心的觉知的。因为人首马身的觉知以消逝的当下为基础，私我对人首马身的阻抗就是对此时此地的当下的阻抗。

既然它基本上是在时间中运作的，扫描过去、催促未来，思维本身倾向于对人首马身的阻抗。在私我治疗中，人们解决的是思维过程的阻抗。在人首马身的治疗中，思维本身就是阻抗。从人首马身层次这个更深的角度来看，甚至用于私我层次的治疗技术也成了阻抗的一种形式。这就是为什么杰出的人首马身层次的心理治疗师弗里茨·皮尔斯所说："由于回避（抗拒）被假定是神经失调的主要症状，我把自由联想法替换为回避的解毒剂——集中法（concentration）。"集中于什么呢？就是集中于当下的各种形式和身心觉知。皮尔斯很快就放弃了多少有点容易让人误会的术语"集中法"，代之以"此时此地的觉知"。根据他的观点，正是对于此时此地的人首马身的回避或抗拒才造成了大多数病症。

所以，在人首马身治疗中，例如，格式塔治疗，不再要求当事人让自己的思维信马由缰了，他们被迫终止"精神上的喋喋不休"，将觉知专注于此时此地的当下。心理治疗师不是去寻找思维中的障碍，而是去寻找从当下觉知到思维的任何逃避。心理治疗师向当事人指出对此时此地的抗拒或躲避，直到他明白自己是如何通过逃入私我来回避人首马身的。私我层次的治疗鼓励当事人探索过去，人首马身层次的治疗却阻止这么做。在不同的案例中，都有不同类型的阻抗在起作用，已经有不同的技术来处理它们，每种技术在各自的层次上都是有效的、恰如其分的。

这样，我们开始去看，在众多其他事物中，意识谱中的每一层次是如何被不同类型的阻抗或回避做上标记的。在角色层次，我们用各种形式的阴影抗拒整体（unity）。在私我层次，我们用人首马身及其特性来抗拒整体。最后，就是我们即将看到的，在人首马身层次（并扩展到超个人层次），我们发现了最终的、最基本的阻抗，即对一体意识的阻抗。

我们同时看出，每一种不同的阻抗都导致人们把自己的一部分看成外在的客体。阴影变成了外在的陌生东西，再往下身体又变成外在的陌生的东西。在意识层次的底部，原始阻抗也同样导致自我的一部分变成外在的客体。在这一层次，这些外在的客体构成了整个环境本身（不管这个环境是迟钝的还是敏锐的，是个人的还是超个人的）。草木、星辰、太阳、月亮这些外部环境中的客体也同样是我们真我的一部分，就像阴影是我们私我层次中自我的一部分一样，身体也是我们人首马身层次中自我的一部分。

这一原始阻抗导致了我们通常所说的知觉（perception）。也就是说，我们把一切客体都感觉为与我们分离的外物。我们抗拒对于具有所有这些被感觉的客体的整体的觉知，就像我们曾经拒绝与阴影合一、与身体合一一样。简言之，我们抗拒一体意识。

再回到我们的主题上：通过适当的灵修，我们逐渐明白自己在如何抗拒一体意识。灵修迫使这一基本阻抗浮现到觉知的层面上来。我们开始看到自己并不真正想得到一体意识，总是逃避一体意识。这本身就是一个关键的顿悟，正如在其他层次我们对自己阻抗的理解是关键的顿悟一样。看清楚我们对于一体意识的阻抗，处理它并且最终放弃它，这样就可以消除隐蔽的障碍，获得解放。

这些灵修的方法如何揭示我们对于一体意识的阻抗呢？它们究竟有什么奇特之处？我们终日忙着各种的活动，为什么唯独将此类称为"灵性"的活动？究竟打坐、深度冥想、献身上帝或者追随精神领袖有何独特的地方？它们为什么如此有效？如果我们能够理解这些，就在大彻大悟的征程中迈出了一大步。

首先，要注意到我们已经不止一次提到"特殊状态"了。像阻抗一样，我们已经多次看到它们，只不过名称不同而已。在前三章中曾经讲到，每一层次的治疗都使当事人增加了一些"特殊状态"。每一种治疗方法都有其独特的技巧，能够帮助当事人在那个层次上成长。没有这些"特殊状态"，就没有新的情况发生，当事人只会依然故我。每个层次中所需要的特殊状态是明显不同的，然而它们具有什么共同的特点，使它们能够如此有效？换言之，这些特殊状态是如何产生效果的呢？

答案似乎应该是：每一种类型的状态能使某一种阻抗失效。举一些简短的例子来说明。我们已经注意到，精神分析主要处理从角色到私我的下降过程，使用的是自由联想的特殊状态。现在，私我能够自由地、无障碍地展开联想。因为对于一个小心谨慎的（accurate）私我而言，几乎没有什么思想或愿望是它完全无法接受的。但是，角色自由联想是最困难的，因为它一旦放松了长期的潜意识压抑，不接受和不愿意要的思想就会涌现到表面上来。因此，自由联想只能在停顿和突然加速中进行下去。训练有素的心理治疗师能够识别这些障碍就是阻抗的征兆，并向当事人指出。由于当事人被引导去呈现特殊状态，其阻抗就容易显示出来。还有，既然当事人不得不继续做自由联想，以保持这种特殊状态，他的阻抗就慢慢地失效了。因为在同一时间里，你无法既要阻抗又要自由联想。只要当事人能够轻松地维持无障碍自由联想的特殊状态，治疗就变得更容易了。

人首马身层次的治疗也是同样的运作方式。例如，治疗师要当事人放下昨天以及明天的所有念头，把感觉注意集中在直接的此时此地，存在主义觉知的当下，这正是使当事人进入特殊状态。这种状态对生命整体来说能够相对容易地做到，但小心谨慎的私我却不能够，因为私我是建立在时间之上的，是建立在过去和未来连续不断的闪现之上的，它在当下觉知的光明下面枯萎了。这样，私我就将抵制正在逝去的现在，也就是通过思想不停地漫游于昨天和明天来抗拒“特殊状态”。心理治疗师会温和地使当事人留在这种特殊状态中，进而瓦解这一层次的阻抗。如果没有这些状态，当事人也许根本不会意识到自己的阻抗。

总之，每一层次的特殊状态都显示出你的阻抗并同时瓦解它们。事实上，正是通过瓦解你的阻抗来显示出你的阻抗，除非你的阻抗受到挫败，否则你根本不会觉察到它们的存在。它们就会继续不知不觉地发挥作用，从而阻止了你的成长。另外，通过瓦解你的阻抗，这些状态使你明白无阻抗的更深境界。任何层次的状态，实际上是人们在下一个更深层次中能够做到的。也就是说，任何层次的特殊“治疗”状态，正是它下一层次实际特性中的一个或几个。把下一层次的特性当成是你当下修炼中的特殊状态，你对这个更深层次的阻抗就被暴露出来、失效和瓦解。这样你就进入了这个更深的层次。

这样，我们便可再回到阻抗形式本身，所有真正的灵修的特殊状态不仅暴露了这最原始的阻抗，还进一步挫败、瓦解、消融了它。我们必须处理的是对于一体意识的原始阻抗，而不是一体意识本身。除非你看清楚自己如何抗拒一体意识，否则你所有的努力只是徒然，因为你想达到的正是你潜意识里要逃避和抗拒的。就像在其他意识层次一样，许多问题、症状都是我们制造出来的，在这最深的层次，我们也偷偷制造出未开悟的“症状”来阻抗一体意识。我们在表面上热切渴望的东西，在深层次里我们却成功地阻止了它。这一阻抗就是真正的困难。所以我们不用努力争取一体意识，只要理解自己是怎样逃离它的就已经足够。我们一旦理解，也就自然瞥见了一体意识的本来面目，因为看破了阻抗，我们就摆脱了阻抗。

这一原始阻抗，就像其他意识层次中的阻抗一样，不是未经你的同意就发生的什么东西，不是产生在过去的什么东西，不是什么不速之客。其实，它是你现在正不知不觉进行的一种活动。正是这种原始的活动阻碍了一体意识。简言之，就是当今人类不愿按照其本来面目去面对的每一件事情。再具体一点，就是当下一些不愿意面对的事情。

总的来看，人们存在着一种对当下体验的总体质量的阻抗与不接受——不只是对某种特定的当下体验的阻抗，或者对某些确定的、明显的当下体验的阻抗，而是对总体的当下体验的全方位阻抗。我们将会看到，这不是对于人首马身层次中瞬间现在的阻抗，而是对于永恒的当下，也就是一体意识的阻抗。

由于这是一种普遍的情况，这种阻抗不是你能够清楚觉察和意识到的什么东西。它是非常微妙的事情。野蛮的、激烈的阻抗常常发生在较浅的层次，在意识谱的底部的原始阻抗是隐晦的、扩散的，但我们大多数人在内心中仍然可以感觉到和直觉到它们。反正我们就是不能完整地接纳所有的当下——我们内心有一股小小的紧张，它将我们从这种全然的当下中推开。因此，我们不让自己的觉知安住于当下。我们总是分心。

这样就产生了这种总体性的不情愿按照其本来面目看待当下每一事物的现象。我们总是东张西望，避开当下的各种情况，收回对事物是什么的觉知。因为我们习惯分心，习惯走神，就带着这种微妙的阻抗，似乎远离了一体意识，“丧失”了真实本性。

这种对一体意识的远离，让我们堕入了充满疆界、空间、时间、痛苦、死亡的世界中。可是当我们进入疆界与冲突之中，却又基本上只受一件事情的促动：渴望重新回到无疆界的一体意识，再次发现无疆界的领域。我们所有的欲望、要求、愿望等不过是一体意识的替代满足，但只是一半的满足，另一半是失落。

尽管人生根本需要的唯一事情就是一体意识，可是我们却一直在抗拒这件事情。我们不断地寻求一体意识，但又总是阻止自己去找到。我们其实是在通过逃避当下来寻找一体意识。我们总是想象现在还不够好，不愿意全然地安住当下，离开当下去寻求想象中的更新更好的现在。换言之，我们跳入浪中，在时空中去追寻最终极的波浪。这波浪最终将能够为我们解渴，告诉我们“湿”是什么。在下一个波浪的体验中去寻找“湿性”，我们不断地错过眼下的波浪。我们永远在追寻，也就是不断地在失去。

问题是你要摆脱当下体验，就必须将自己和当下体验分开，从自己的当下体验中分离，意味着你和当下体验是两个不同的事情。

你越是不断地与当下分离，你就越是强化你在当下之外的错觉。你越是离开当下的世界，就越是表示你与当下的世界互不相干。正是如此，我们便建立了第一道原始的疆界——一边是我们的自我，一边是我们的世界。这也就是为什么早先我们说，把世界看成外在的客体，实际上是对当前体验的一种阻抗及隔离的原因。

脱离当下就是把你自己与一体意识分离，并且因此展开了意识层次的演变。在本书第六章曾经提到的“第一动”，就是指这个脱离，是它形成了原始的疆界。因此我们说：“这原始的疆界，这个永远活跃的第一动，就是我们当前的每个行动。”这就是单纯的转移和离开。我们抗拒当下体验的世界，就必然分割这个世界。我们把它分割成了内在的体验和外在的体验，我们感到内在体验是观察者、体验者、行动者；外在体验是被观察者、被体验者、作用的对象。我们的世界被分裂成为两个，一边是你（体验者），一边是它（被体验的对象），中间是一条虚妄的疆界。意识层次的演变由此展开，对立的冲突也随之产生。

我们的世界还有另外一种基本的分裂：我们不断地从全然的当下逃离，这就暗示了有一个未来能够接受现在这一时刻。我们逃离是因为我们想象有另外一个我们可以移动进去的时间。这样逃离其实就是在时间中行动——实际上，这是在创造时间。当我们从“非时间性”的、当下的体验逃离后，就产生了体验本身也同样向后离去的错觉。我们对永恒的和全然的当下的抗拒，使它沦落为不断流失的一瞬。于是体验似乎排成队伍，一个接一个从我们身边经过，但这实际上是因为我们乘上了一趟飞离现在的飞机，匆匆忙忙地飞过这些体验。（正如我们先前所说，这是一种对死亡的恐惧，害怕没有未来，害怕无路可逃。）

当我们试图离开当下的世界时，世界仿佛也要离开我们。因此，永恒的当下似乎被限制、束缚了。我们的状态就像是夹在我们所经历的过去以及即将逃入的未来之间。这样，逃离就在制造一个以前和一个今后，一个我们过去所离开的起点，一个我们所逃往的未来命运的港湾。我们的当下被减少为逃离，无声无息地流逝了。

因此，逃离就是把我们与当下体验分离，并将我们投射在时间、历史、命运以及死亡之中。这就是我们的原始阻抗：不愿面对当前作为一个整体的所有体验及其真实面目，而是想脱离。一些灵修的特殊状态就是要揭开它的真相，然后瓦解掉它。当人们开始进入这种状态，就能够意识到自己逃离当下的行动。人们开始看到，由于脱离当下，自己不断地抗拒一体意识（或者上帝的意志、道的运行、精神导师的爱或者原悟）。通过各种各样的借口，我们排斥现在，我们东张西望、心猿意马，我们也因此而受罪。

但是，在某种意义上，这样却造成了进步。我们开始看到自己的原始阻抗，就自然松弛下来了。和其他所有的治疗方法一样，这种发现自己的原始阻抗也是一段“蜜月期”。我们是相对愉悦的，我们在修炼中感到有把握，看到了最终解脱的希望。我们也许还会达到超个人观察者的水平（请参考上一章的描述）。因为我们看到了原始的阻抗，开始理解自己的对手，懂得什么才是该被瓦解的。他必须放弃这种不断的逃离。

这种情况也给我们带来一个灾难，“蜜月期”突然中断了。因为我们怎么可能停止逃离？例如，此刻我们看到了自己正有意从现在逃离，于是便决定停止逃离。但是这停止的行动本身就是一次移动。试图不移开的努力其本身生成了另一个移动。我们仍然需要一个未来的时刻使制止生效。于是我们仅仅是换了一种逃离方式，而不是停止逃离。我们只是用一个比较微妙的阻抗取代了明显的阻抗。

换一个略有不同的角度，我们也许会试图通过充分觉察这种永恒的当下来停止对现在的阻抗。但是试图觉察当下就要求有一个能够产生这种觉察的未来的当下，所以尽管他不想逃离现在他仍然在逃离现在。因为你所能把握的唯一的当下，永远只是正在不断流逝的当下。这也正是人首马身那一层次的治疗技术。但在最深的一体意识这一层次，我们所关心的是永恒的当下，而不是转瞬即逝的当下，我们试图把握永恒的当下，结果却只能找到一连串的转瞬即逝的当下。当我们将注意力集中于转瞬即逝的当下时，就只是在抗拒永恒。因为这一对于转瞬即逝的当下的专注，要求一系列的准时的把握。专注对于人首马身层次很重要，但对于一体意识却无关紧要。因为永恒的当下就是你刻意去把握它之前的那一刻，它就是在你知道任何事情以前所知道的，在你看到任何东西以前所看到的，是你成为任何人以前的你。要把握它需要有行动，不把握也需要行动。不论走哪条道路，你都立刻失去了它。

当到了这一阶段，人们开始感到自己被四面八方的障碍重重包围着，似乎做什么都不正确。想停止阻抗，却仍然在阻抗。想追求永恒的现在，却又分裂了时间。想终止逃离，却又制造了另一种逃离。他慢慢地开始明白，他无论做什么都是一种阻抗。他并非有时候阻抗，有时候不阻抗，只要他一辨认出时间以及觉知到分离的自我，他就不断地在阻抗和逃离。他所做的一切就是逃离，这也包括他聪明地尝试不逃离。事实上，他不可能毫无阻抗地行动，因为每个行动就是阻抗本身。

在那些上面的意识层次中，按照那一层次的标准，都有一些不属于阻抗的行为。例如，在私我层次的自由联想以及在人首马身层次对流逝的当下的专注就不是阻抗，至少在这些层次的框架里它们都不是阻抗。在它们特有的氛围中，人们可以选择阻抗，也可以不选择阻抗。他可以有两者择一的取舍。他可以站在自我（角色、私我、人首马身或超个人）的一边，也可以站在自己的阻抗一边。

但是，到了意识层次的底部，就没有选择的余地了。每一个上面层次的治疗都通过强化较细微的阻抗来推翻较严重的阻抗。不过，在这里没有更细微的阻抗了。人们不再有选择余地，他所有的行动都是阻抗。他把阻抗追赶到了意识层次的边缘，却发现自己反而被阻抗包围了。

对于这一点，有一个他开始凭直觉去了解的特殊原因。由于分裂的自我感和阻抗感是同一回事，他的分裂的自我似乎总是在进行抗拒。作为分离自我的内在感觉就是逃离、阻抗、萎缩、旁观、张望、执著的感觉。当你感受你自己时，那就是你感受的一切。

任何事情他做是错，不做也是错，其原因就在于它们仅仅是更多的阻抗与逃离。他所做的一切都是错的就是由于他在做。他的自我就是阻抗，所以他不能停止阻抗。

到了这个地步，一切看上去都是凄凉黯淡。人们似乎永远陷入了一个陷阱。于是灵魂的黑夜来临，意识的光明逐渐消失，直至无影无踪。所有一切都变得模糊，长夜漫漫，空虚无穷无尽，似乎永远不会天明。但是禅林（Zenrin）禅师此时却说：

幽冥之中，
金鸡报晓；
夜半时分，
阳光明亮。

为何会如此？原因就在于，正在陷入绝境时，忽然峰回路转，一切都正确了。当人们真正看到，他的一切行动都是逃离，都是阻抗，整个阻抗的诡计便随之放下了。当他看破了（sees）他所制造的阻抗，就完全自然地放下了这些阻抗。这些阻抗的放下，也就是一体意识的开启，无疆界觉知的实现。他犹如大梦初醒，发现他这个分裂的自我根本就不存在。他的真我，万事万物，无生亦无灭。无所不在的“本来如是的大意识”（Consciousness as Such），是所有一切生生不已的本来面目和根源，它先存于世界，又与世界同为一体。所有的事物只是湖面的一个涟漪，所有的发生都是这个本源的一个姿态。

现在我们已经看清，灵修的特殊状态为我们显示了我们所有的阻抗心理，同时也在最深的层次上摧毁了它们。简而言之，这些特殊状态显示出我们在浪头上跳跃，最终却一无所获。当我们发现自己所做的一切，只是在追逐浪花，是在阻抗、逃离，转折点就来临了。在这里，不管我们用什么术语来表述，灵修都是解决问题的关键。

直到人们在真的彻底看见自己所做的一切都是阻抗之前，他还会暗地里继续逃离、追逐，依然痴迷不悟。他将在不知不觉中继续逃离。在没有看到自己所有的行动都是阻抗之前，他仍然相信能通过自己的某些行动来获得一体意识。除非他明白自己所做的一切都是逃离，否则他还会继续逃离。他会以为自己还有选择，还有出路。殊不知他越是行动，就越是离道更远，因为每一个行动都是针对一体意识制造障碍，使他无法达到一体意识。他不能够获得一体意识就是因为他想获得。

当人们看出自己所做的一切都只是阻抗，只是逃离、回避时，他就再没有选择余地了，只有完全放弃。然而，他不能够刻意做什么，也不能够刻意不做什么！我们已经明白这两种企图都是逃离，根本不会把我们引上正途。当明白自己什么都不能够做时，事情就理顺了，一体意识便自然而然地发生了，因为一体性一直就是存在的。真正看破阻抗，阻抗便会瓦解，早已存在的一体性便清晰呈现。①

一旦这一原初的阻抗开始瓦解，分裂的自我也随之崩溃。因为你不可能站在这边，看到另一边的你远离而去。因为那并非一边是“你”，一边是“看见你的逃离”。在开始的时候，你是以一个分裂的自我，冷静观察你的阻抗行为。当你逐渐体会出，你所做的一切都是阻抗时，就开始明白，你在这里作为一个分裂的自我的感觉也只是一种阻抗而已。当你感觉你自己的时候，你所感觉到的只是一种内在的细微的紧张，一

---

① 参考《约翰福音》第5章19New Revised standard version：Jesus said to them：“very truly，I tell you，the Son can do nothing on his own，but only what he sees the Father doing；for whatever the Father does，the Son does likewise.”耶稣对他们说：“我实实在在地告诉你们，子凭着自己不能做什么，唯有看见父所做的，子才能做；父所做的事，子也照样做。”——译者注

种微妙的收缩与逃离。自我的感觉和逃离的感觉本来就是同一的。当这一点清楚以后，就不存在两种不同的感觉了，不存在一边有一个体验者，而另一边又有一种体验，只有一种单一的无所不在的感觉——阻抗的感觉。你不再感觉到这一阻抗，因为你就是这一阻抗的感觉。自我的感觉浓缩入阻抗的感觉，最后都化解了。

在原初的阻抗化解后，你与世界的分离也就随之消失。你会自然地放下一切阻抗，愿意正视当下的一切，消除你所建立的内部与外部之间的原初的疆界。你不再抗拒当下的体验，也不再费心把它与你划分开，世界与自我复归为一个单一的体验。我们再也不去追逐波浪，因为就只有一个海浪，而它无所不在。

此外，当我们不再逃离体验时，体验也就不再与我们擦肩而过了。不再抗拒当下，就是清楚只有当下——没有开始，没有结束，没有过去，没有未来。当你把过去的记忆与未来的期望都看做是当下事实时，这当下的种种障碍就瓦解了。围绕此刻的疆界也融入了此刻之中，此时只有此刻，无处可去。一位老禅师曾这样说过：

很久以前的我，
本来就不存在，
死后亦无去处，
万事万物皆空。

为什么搜寻一体意识会如此痛苦，这就很清楚了。我们企图去做的一切事情都是错的，因为一切事情已经是，而且永远都是对的。即使看来是对婆罗门（Brahman）的原初阻抗，实际上也是婆罗门[1]的一种运动，因为除了婆罗门，别无他物。除了现在（now），从来没有其他时间，将来也永远不会有任何时间。那看起来是对现在的原初的逃离，实际上就是现在的一种原初的运动。修行与证果不二，修行也就是证果。

① 所谓婆罗门是指印度教相信宇宙有一个终极真实，这终极真实虽然超越万有，凌驾于神灵之上，却因为潜藏在人心灵最深处（atman）而形成它的本质。因此，相对于外在的超越有一个内在的本质，而二者实为一体。从这超越的境界去看，人世与人生都是陷于生死轮回的幻境。——译者注

原悟就是奇妙的修炼。永恒的现在就是它的行动。海浪自在地拍打着海岸，湿润了贝壳与卵石。

推荐阅读

关于印度的灵修的方法，拉玛纳上师的著作是最杰出的。阿瑟·奥斯本（Arthur Osborne）已经收集了他的大多数著作，并把它们编辑成数卷出版。参阅《拉玛纳上师选集》（*The Collected Works of Ramana Maharshi*，London：Rider，1959）和《拉玛纳上师的教导》（Teachings of Ramana Maharshi，London：Rider，1962）。

关于佛家的修炼方法，我们有三条主要线索。对于小乘佛教和早期佛教，请参阅向智长老（Nyaniponika Thera）的《佛家静修的核心》（*The Heart of Buddhist Meditation*，London：Rider，1972）。关于金刚乘（Vajrayana）和藏传佛教，邱阳·创巴仁波切（Chögyam Trungpa）的书非常具有启发性，尤其是《穿过精神唯物主义》（*Cutting Through Spiritual Materialism*，Berkeley：Shambhala，1973）和《自由的神话》（*The Myth of Freedom*，Berkeley：Shambhala，1976）。达腾转世仁波切（Tarthang Tulku）的精彩论述可以在期刊《水晶镜》（*The Crystal Mirror*）中找到。关于禅宗的修炼，请读洛杉矶禅宗中心（Zen Center of Los Angeles）所发行的系列作品——《觉悟的朦胧月亮》（*The Hazy Moon of Enlightenment*）、《日常生活中的道》（*The Way of Everyday Life*）和《忘记自我》（*To Forget the Self*）。铃木大拙的《禅的心智，初学者的心智》（*Zen Mind，Beginner's Mind*，New York ：Weatherhill，1970）是一部经典之作。还有菲利浦·卡普乐（Philip Kapleau）的《禅的三个支柱》（*The Three Pillars of Zen*，Boston：Beacon，1965）也是较为经典的著作。

还有两位作者，他们的著作都是超越传统的。一位是克里希那穆提，本书中引用了他的许多观点。他的著作很多，其中我尤其推荐的是《最初与最后的自由》（*The First and Last Freedom*，Wheaton：Quest，1954）以及三卷本的《关于生活的注解》（*Commentaries on Living*，Wheaton：Quest，1968）。另一位是布巴·弗里·约翰，他的著作是非常卓越的，参阅《整个身体的开悟》（*The Enlightenment of the Whole Body*，Middletown：Dawn Horse Press，1978）。

在当今纷繁复杂的修炼活动中，只有这样的或者类似的刚柔并济的方法，在我看来才最适合引导出真正的领悟。真正的灵修并不是你可以每天练习一段时间或是每周练习多长时间的东西，它不应该是人类各种活动中的一种，而是所有活动的基石，是它们的源泉、效果。它是对于超越性真理（Transcendent Truth）的承诺，我们每天24小时都与它同在，呼吸着、修炼着、直觉地感应着它。直觉感应你的真正自我，就是要把你的整个存在投入到所有存在（being）当中以便实现这个自我。宏愿（primordial vow）这样讲道："众生无边誓愿度；佛法无边誓愿学。"如果你深切地感到要去实现、去服务、去牺牲、去放弃，那么灵修则很自然地成为你要选择的道路。祝你有幸在生命中找到一个精神的导师并在此刻开悟。

主题词中英文对照

Adam Kadmon	神人—亚当
absence of primary boundary	原界缺席
absence of self	自我缺席
Atman	阿特曼、灵魂、梵我、神我
autonomy	自治性
awareness	觉知、醒悟
be	自得
being	存在
Brahman-Atman	婆罗门的大我
Bhagavad Gita	博伽梵歌
Bioenergetic Analysis	生物能量分析
centaur	人首马身
coincidental oppositorum	对立共存
cosmic consciousness	宇宙意识
Dharmadhatu	法界
Esoritec Islam	深奥伊斯兰教
Esoteric western	西方深奥传统
eternal moment	永恒的瞬间
Extra-sensory perception	简称“ESP”，“超感官知觉”
Gestalt	完形心理学
godhead	神性
identity	身份认同

I-ness	我
IAMness	主人翁
initial movement	最初的运动
involuntary	下意识机能
Kundalini	拙火
Lankavatara Sutra	《楞伽经》
line	分界线
loss of self	自我丢失
Mahayana Buddhism	大乘佛教
maya	虚妄
meta-boundary	元疆界
meta-meta-boundary	元—元疆界
moksha	解脱
motif	母题或主题
navel-abdomen	丹田
nirvana	涅槃
no boundary awareness	无疆界觉知
noetic analysis	智能分析
noetics	智能理论
non-dual consciousness	不二意识
non-dual	无分别
nonebeing	虚无
not-self	非我
nunc stans	当下
open ground consciousness	开放的根本意识
organism	机体
original enlightenment	原悟
Perennial philosophy	长青哲学
Persona	角色

Platform Sutra	坛经
primary boundary	原界
primordial vow	宏愿
Psychosynthesis	心理综合治疗
Purusha	万物本原
reality	实在；实体；现实
Rolfing	罗尔夫按摩治疗法
samsara	轮回
Satori	开悟 、顿悟
self	自我
Self	大我
soul	灵魂、心灵
self-identity	自我认同
sense of identity	认同感
shadow	阴影
super-human	超人
supra-individual	超个体
Supreme Being	终极存在
supreme identity	终极认同；终极同一；太和
the real world of Suchness	真如法界
Tathagatagarbha	如来藏
transcendent truth	超越性真理
transcendent unity of religions	宗教信仰的超越性统一
transcendental meditation	超越性静修
translation	还原
transpersonal	后人本主义的（或译“超个人的”）
True Man	真人
the Host	我主

Universal Man	神、宇宙人
unborn	无生
undying	无灭
unity consciousness	一体意识
Vajrayana	金刚乘
vibratory existence	振动存在
vital shock	致命一击
voluntary	自主机能
wavicle	波粒子，波粒二象性

人名中英文对照

A. N. Whitehead	怀特海
Alan Watts	艾伦・沃茨
Albert Szent-Gyorgyi	艾伯特・圣捷尔吉或圣乔齐
Aldous Huxley	阿尔道斯・赫胥黎
Alexander Lowen	亚历山大・洛温
Arthur Osborne	阿瑟・奥斯本
Aurobindo	奥罗宾多
Bennet，E. A.	贝内特
Blake	布莱克
Bohr	博尔
Bubba Free John	布巴・弗里・约翰
Calvin Hall	卡尔文・ 霍尔
Carl Jung	荣格
Chögyam Trungpa	邱阳・创巴仁波切
Coomaraswamy	库马拉斯瓦米
D. T. Suzuki	铃木大拙
Dante	但丁
Dean，S.	迪安
deBroglie	德布罗意
Dionysius	圣・狄奥尼修斯
E. E. Cummings	卡明思
E. T. Gendlin	简德林

Eckhart	埃克哈特
Eddington	埃丁顿
Ellis A.	埃利斯
Eric Berne	埃里克·伯恩
Erwin Schroedinger	薛定谔
Emerson	埃默森
Eisai	荣西
Fenelon	费内伦（Canbrai 的红衣主教）
Fritjof Capra	卡·卡普拉
Fritz Perls	弗里茨·皮尔斯
Garma C. C Zhang	噶玛张澄基教授
Hakuin	白隐慧鹤
Harper R.	哈珀
Harris，T.	哈里斯
Hazrat Kahn	哈兹拉特·汗
Heisenberg	海森堡
Huang Po	黄檗（禅宗法师）
James Fadiman	詹姆斯·法迪曼
Jean Houston	琼·休斯敦
Jean pierre de Caussade	（基督教圣徒）高塞德
Joseph Cambell	约瑟夫·坎贝尔
Kirpal Singh	基珀尔·辛格
Korzybski	寇济斯基
Krishnamurti	克里希那穆提
Ludwig von Bertalanffy	L. V. 贝塔朗菲
Louis deBroglie	路易斯·德布罗意
Marltz，M.	马尔茨
Meister Eckhart	迈司特·埃克哈特
Ma-tsu	马祖禅师

Nicolas de Cusa	尼古拉斯·德·库萨
Otto Fenichel	奥托·费尼切尔
Padma Sambhava	（佛家）莲花生
Patanjali	派坦加利
Prabhavananda	（印度教哲人）帕拉哈瓦南达
R. M. Bucke	巴克
Rinzai	临济禅师
Roberto Assagioli	罗伯托·阿萨鸠里或阿沙吉欧力
Roger Walsh	罗杰·沃尔什
Rollo May	罗洛·梅
Rumi	鲁米（穆斯林的神秘体验研究家）
Schuon，F.	舒昂
Seppo	塞伯
Shankara	（印度教大师）商羯罗
Shibyama	（禅宗大师）释白马
St. Augustine	圣·奥古斯丁
Sri Ramana Maharshi	拉玛纳上师
Stephen	拉蒂芬（《尤利西斯》主人公之一）
St. Clement	圣·克莱门特
St. Dionysius	圣·狄奥尼修斯
Tart，C.	塔特
Tarthang Tulku	塔萨恩·塔尔库塔尚
Tat tvam asi	梵我同一
Teihard de Chardin	德日进
Thoreau	索罗
Traherne	特拉赫恩
Vaughan	弗朗西斯·沃恩
Welwood，J.	韦尔伍德

Werthman，M.	沃思曼
White，J.	约翰·怀特
William Glasser	威廉·格拉瑟
William James	威廉·詹姆斯
Wittgenstin	维特根斯坦
Zenrin	禅林

图书在版编目（CIP）数据

没有疆界/（美）威尔伯著；许金声等译．—北京：中国人民大学出版社，2012.1
ISBN 978-7-300-14533-4

Ⅰ．①没…　Ⅱ．①威…②许…　Ⅲ．①心理学-通俗读物②精神疗法-通俗读物
Ⅳ．①B84－49②R749.055－49

中国版本图书馆 CIP 数据核字（2011）第 224653 号

心理学译丛·学术系列
主编　许金声
没有疆界
[美] 肯·威尔伯　著
许金声　等译
Meiyou Jiangjie

出版发行	中国人民大学出版社		
社　　址	北京中关村大街 31 号	邮政编码	100080
电　　话	010－62511242（总编室）		010－62511770（质管部）
	010－82501766（邮购部）		010－62514148（门市部）
	010－62515195（发行公司）		010－62515275（盗版举报）
网　　址	http://www.crup.com.cn		
经　　销	新华书店		
印　　刷	天津鑫丰华印务有限公司		
规　　格	155 mm×230 mm　16 开本	版　　次	2012 年 3 月第 1 版
印　　张	11.75 插页 1	印　　次	2025 年 8 月第 8 次印刷
字　　数	161 000	定　　价	48.00 元